EINFACHE DENKSPIELE FÜR HUNDE

„Gut abgericht kann der Mensch
der beste Freund des Hundes sein.“

- Corey Ford -

„Der Hund ist das einzige Wesen
auf Erden, das dich mehr liebt
als sich selbst.“

- Josh Billings -

Inhalt

Inhalt

„Ein Hund ist der einzige Grund,
warum ein gewöhnlicher Tag ein außergewöhnlicher Tag sein kann.“

- Unbekannt -

Einleitung

Spiele für die Hunde und mit den Hunden sind nach Alter, Größe und Hunderasse sehr unterschiedlich gestaltet. Wer sich einen Hund zulegt, wird sicher einen aussuchen, der zum eigenen Charakter passt. Ein ruhiger Mensch, der sich selbst wenig bewegen mag, wird kaum einen Jack Russel Terrier haben wollen. Diese kleinen Vierbeiner sind kaum zu bremsen. Sie sind ständig in Aktion und erwarten von ihrem Menschen recht viel.

Ihr Spiel folgt oft ihrem angeborenen Jagdtrieb. Einen gemütlichen Berner Sennenhund wird so ein angehender Hundehalter eher akzeptieren. Die Zeit zum Spielen ist für jeden Hund je nach Rasse anders ausgelegt. Da kann es schnell zur Überforderung und Langeweile kommen. Wenn das Tier zu Spielen animiert wird, die es nun überhaupt nicht mag und kann, verliert es das Interesse. Genauso kann es sein, dass die Lust am Spiel gleich wieder vorüber ist und andere Dinge wichtig geworden sind. Bitte üben Sie nie Zwang aus, wenn Sie mit Ihrem Hund spielen wollen.

Auch jüngere Hunde können allein wegen ihrer Gestalt viele Übungen gar nicht ausführen. Kurze Beine eignen sich in keiner Weise dafür, Hürden zu nehmen. Es sei denn, es werden speziell für Ihren Hund die Hürden gebaut. Bestehende Probleme mit der Atmung sind nicht für lange und ausdauernde Spiele gedacht.

Für die Neulinge unter den Hundehaltern gilt leider oft die Meinung, dass da ein Ball geworfen wird und der Hund holt den zurück. Das war es dann. So oder so ähnlich ist das oft. Spielen mit dem Hund ist ein Anspruch, den das Tier hat. Im geltenden Tierschutzgesetz ist festgelegt, dass außer den grundlegenden Bedürfnissen nach Ernährung, Pflege und Unterkunft auch die artgemäße Bewegung zu sichern ist. Dass Tieren kein Leid und Schmerz zugefügt werden soll, ist ein weites Thema. Fehlende Beschäftigung gehört dazu.

Ein ganz wichtiger Aspekt beim Spiel mit dem Hund sind Sie selbst. Wenn es Ihnen gelingt, dem Hund die Tricks beizubringen und die Kommandos zu verstehen, dann haben Sie einen großen Erfolg als der Lehrende erzielt. Alles, was Sie vermitteln wollen, braucht seine Zeit. Es geht nur Schritt für Schritt voran. Ihre Kunstfertigkeit zeigt sich darin, genau zu erklären, was Sie vom Hund erwarten. Von Ihnen wird viel Geduld verlangt. Freude an der gemeinsamen Zeit und den kleinen Erfolgen, die sich nach und nach einstellen werden, gibt es gratis dazu.

Pubertät bei Hunden in Bezug auf Erlerntes

Hinweise auf die Pubertät bei Hunden hatten Sie sicher nicht bei den Spielen erwartet. Und doch handelt es sich um ein wichtiges Kapitel in dieser Sache. Wenn Sie pubertierende Kinder haben oder sich noch gut an Ihre eigene Zeit damit erinnern, dann verstehen Sie es schnell.

Es ist eine Zeit im Leben, in der alles auf einmal anders wird. Auch ein Hundegehirn hat diese Zeit zu durchleben. Genau wie ein junger Mensch ist der Hund im Ausnahmezustand. Sie benötigen außer Gelassenheit eine große Portion von Einfühlungsvermögen gepaart mit konsequentem Verhalten. Gerade noch waren Sie so stolz darauf, dass der Welpe alles so schön gelernt hat. Die grundlegenden Kommandos versteht er und führt sie auch aus. Wie von jetzt auf gleich reagiert er nicht mehr darauf. Er hört nicht auf Sie und rennt dem nächsten Radfahrer fast in die Speichen.

Er pubertiert, ganz einfach. Sein Gehirn ist mit viel Wichtigerem beschäftigt. Es ist eine harte Zeit, die Sie da erwartet. Ein völlig normaler Vorgang, der Sie nicht aus der Ruhe bringen soll. Der Hund ist nicht plötzlich unerzogen und ungehorsam. In seinem Gehirn läuft das Programm Erwachsenwerden ab. Es wird aus dem Welpen ein erwachsener Hund. Diese Zeit, in der der Hund körperlich reift, ist abhängig von der Rasse. Es kann von einem halben Jahr bis zu einem ganzen Jahr andauern. Die Experten für diese Vorgänge sind der Meinung, dass die richtig schlimme Zeit dieserart erst dann beginnt. Die emotionale Reifung wird auf die Lebenszeit von einem halben Jahr bis zu 2 Jahren angesetzt. Die großen Rassen brauchen meist noch 1 bis 2 Jahre mehr.

Unwissenheit und Unkenntnis über diese Phase führen oft zu verzweifelten Taten. Besitzer bringen die Hunde zurück oder in ein Tierheim. Sie kommen einfach nicht mehr mit ihrem Hund klar. Manche verfallen gar in besondere Härte und Strenge. Das tut weder dem Hund noch dem Besitzer gut. Sie müssen wissen, dass die Pubertät mit dem veränderten Hormonhaushalt auch die Hunde überfordert.

Hier hilft professionelle Hilfe und Verständnis. Die medizinische Erklärung ist einfach. Das Frontalhirn ist zuständig für die Planung und Impulskontrolle. Das funktioniert rein biologisch in der Pubertät nicht. Der Hund kann einfach nicht anders handeln. Seine Symptome sind in der Regel Trennungsangst und schlechte Konzentrationsfähigkeit.

Genaugenommen werden die Tiere in der Zeit ihrer großen Trennungsangst oft fortgegeben. Wenn sie ihren Jagdtrieb entdecken und dem einfach folgen, ist das völlig normal. Es erfordert in jedem Fall eine artgerechte Haltung und immer weiter Training aller nötigen Kommandos.

Es darf nicht zur ständigen Gewohnheit für den Hund werden, sich nicht darauf einzulassen. Praktisch ausgeführt bedeutet es für Hund und Halter, dass ohne Leine kein Toben im Wald mehr möglich ist. Wenn das Tier ein Jäger ist, wird er sonst den Hasen dort Beine machen. Leider sind wir Menschen manchmal mit solchen Situationen überfordert. Frust lässt die Stimme anders klingen und das Verhalten wird ebenfalls aggressiver. Für Hunde ist das schon einmal kein Grund, zum Herrchen oder Frauchen zu kommen. Meist folgt wegen des Ungehorsams auch noch eine Strafe. Das zeigt dem Tier an, dass man besser noch länger wegbleibt.

Der Stresshormonspiegel ist in der Pubertät anders und erhöht. Das führt zu plötzlich nachlassendem Interesse. Mental überfordert durch die Situation im Straßenverkehr oder den Kontakt zu fremden Menschen, leisten sie oft nicht mehr den nötigen Gehorsam.

Helfen Sie Ihrem Hund mit ruhigen Gängen durch die Natur. Lassen Sie ihn schnüffeln und suchen. Geben Sie ihm einen Kauknochen, den er in aller Ruhe zerbeißen kann. Vor allem lassen Sie ihn Kontakt zu anderen Hunden pflegen.

Ein Fehler ist es auf jeden Fall, wenn Sie den Hund nun härter anfassen und mehr bestrafen. Ein sogenanntes Würgehalsband richtet mehr Schaden an. Achten Sie auf die Erhaltung und Pflege des guten Vertrauensverhältnisses zwischen Ihnen. Pubertät, wie schlimm es auch werden mag, es geht vorüber!

Notizen:

Spiele mit einen Hund

So eine Überschrift sagt im Grunde genommen nichts darüber aus, was es bedeutet, mit seinem Hund zusammen zu leben. In dem Moment, wo sich ein Mensch entscheidet, dass ein Hund angeschafft wird, beginnt ein turbulentes Leben. Dabei ist es zunächst egal, ob ein Welpe vom Züchter gekauft wird, oder aus dem Tierheim ein Hund gerettet wird. Selbst herrenlose und zugelaufene Hunde können so ihren Menschen finden.

Für das nunmehr veränderte häusliche Dasein gibt es feste Regeln. Ohne eine stabile Bindung zwischen beiden funktioniert es nicht. Auf viele Arten kann die Bindung beginnen. Der erste Blick kann entscheidend sein. Manche Menschen suchen ihren Hund nach vorher festgelegten Kriterien aus und gehen doch mit einem zerzausten Mischling nach Hause. Das ist jedem selbst ins Herz geschrieben. Nun beginnt das neue Leben voller Überraschungen, Spaß und auch Malheur.

Mit viel Geduld und Aufmerksamkeit und noch viel mehr Liebe zu dem neuen Familienmitglied wird eine besondere Bindung entstehen. Den Weg bis dahin begleiten viele Ratschläge. Es ist ein langsamer Prozess, darüber muss sich der Mensch im Klaren sein. Vertrauen aufzubauen, das braucht Zeit bei Mensch und Tier. Einig sind sich alle darin, dass das Spielen einen hohen Stellenwert dabei bekommt. Die Methode bringt für beide Seiten etliche Vorteile. Die zusätzliche Bewegung ist für Frauchen oder Herrchen ein gesundheitlicher Gewinn. Für den Hund ist es eine Zeit des Lernens während der gemeinsamen Zeit draußen.

„Man kann ohne Hunde leben,
Es lohnt sich nur nicht.“

- Heinz Rühmann -

Was bedeutet das gemeinsame Spielen für den Hund?

In erster Linie ist es die gemeinsame Zeit mit Zuwendungen für den Hund. Die Zuwendung gibt der Hund allerdings auch an sein Frauchen oder Herrchen wieder zurück. Das beruht auch hin dieser Beziehung auf Gegenseitigkeit. Es ist für beide mit einem großen Spaß und körperlichem Einsatz verbunden. Das freie Umhertollen stärkt die Muskulatur und die Gelenke. Alle Abläufe in den verschiedenen Bewegungen werden viel geschmeidiger. Die körperlichen Fähigkeiten und die Ausdauer werden dabei noch zusätzlich stärker. Gleichzeitig ist das Spiel ein Training für alle Wahrnehmungen. Ein Spielzeug ist mit dabei? Dann gelingt es noch besser. Ein Hund muss flexibel auf alle so schnell veränderten Situationen regieren können.

Das Spielzeug hilft ihm dabei, weil er es liebt und das Spiel noch schöner macht. Der kluge Hundehalter hat schnell herausgefunden, welches von seinem Vierbeiner absolut favorisiert wird. Ein Hund entwickelt Strategien beim Spielen, wie er sein Lieblingsspielzeug immer wieder findet. Spielen mit dem Hund entwickelte sich zur idealen Kombination für gleichzeitige Stärkung seiner Intelligenz und Körperkräfte. Für Herrchen oder Frauchen hat das Spiel gleiche Funktionen. Die Bewegung tut gut und das Ausprobieren von Verstecken aller Art hält fit. Freude empfinden beide und das ist wichtig. Freude ist auch ein hormonell beeinflusster Zustand. Die Glückshormone werden ausgeschüttet und man fühlt sich wohl.

Nur langweiliges Stöckchen wegwerfen, ist keine Lösung. Das fördert nur einseitig und die Laufstrecke für einen Hund ist dabei meist viel zu kurz. Um wirklich die Glückshormone, wie Serotonin auszuschütten, braucht der Hund seine Streicheleinheiten. Die genießt er! Beim Spielen mit dem Hund ist es aber ratsam, eine innige Umarmung zu vermeiden. Studien zufolge wird das Tier die Umarmung dulden und aushalten. Es gerät dabei unter Stress und sein Fluchtmodus wird aktiviert. Nicht selten kam es zu Bissverletzungen, weil die Menschen das einfach nicht gewusst haben.

Welche Anzeichen sind beim Hund zu bemerken, wenn die Situation ihm gar nicht behagt?

Auf jeden Fall wird er den Kopf wegdrehen oder senken. Seine Ohren wird er anlegen und die Augen sehr weit öffnen. Das kann noch vom Gähnen begleitet werden. Sehr häufig lecken die Hunde auch ihre Lefzen. Das kann nun auch noch als »Küsschen geben« missverstanden werden und die die Umarmung wird womöglich auch noch einmal wiederholt.

Das hat beim Spielen keine gute Wirkung! Wenn es das Ziel ist, mit den Glückshormonen beim Spielen und Streicheln gegen Ängstlichkeit und nervöses Verhalten vorzugehen, dann ist das Kraulen und Streicheln immer die beste Wahl. Es fördert die Aufmerksamkeit, die Konzentrationsfähigkeit und das Wohlbefinden des Hundes. Diesen Aspekt nutzen die aufmerksamen Hundehalter gern mit aus. Die Tiere lernen beim Spielen viel Neues und das gilt insbesondere für die ganz jungen Hunde. Die Bindungen entstehen und das macht das Zusammenleben vertrauter.

Die Fähigkeiten des Hundes, die insbesondere vom Spiel profitieren sind:

1. Koordination aller Bewegungsabläufe
2. Fähigkeit zur Problemlösung
3. Selbstbewusstsein wird gestärkt
4. Konzentrationsfähigkeit entwickelt sich positiv

Wie erlernt der Hund das zielgerichtete Spiel?

Die Vielfalt der Möglichkeiten, die jedem Hundehalter da zur Verfügung stehen, gibt jedem Hund eine Chance. Klein oder groß, Dick oder dünn spielt keine Rolle. Die Spezifikation nach den verschiedenen Arten macht es möglich. Es sind Suchspiele und Fangen genauso wie freies Tanzen im Katalog der schönen Spiele mit Hunden. Ausstattungen sind in den Fachgeschäften zur Genüge vorhanden und kreative Menschen bauen eh selbst, was sie brauchen. Das Literaturangebot zur Thematik ist so breit gefächert, dass wirklich keine Lücke geblieben ist.

Wichtig ist, dass der Hundebesitzer auch ein Tierfreund ist, der sich in die Materien einliest und Erfahrungen annimmt. So sind Begriffe, die nicht jedem Hundehalter sofort eingängig sind, dabei. Agility z. B. ist so ein neuer Begriff. Was ist das eigentlich? Darunter versteht man die Wendigkeit des Hundes, das flinke Handeln und die Interaktion von Mensch und Hund. Ausgeführt im Wettkampfmodus und mit verschiedenen Geräten dabei, steht Bewegung und Spaß für beide im Fokus.

Agility ist eine Hundesportart, die dem Vierbeiner viel Bewegung gepaart mit Action bietet. Dabei werden Fitness und die geistigen Fähigkeiten des Hundes besonders gefördert. Weitere Vorteile ergeben sich bei der Bindung zwischen Mensch und Hund. Dabei muss das Tier auf das kleinste Signal hin gehorchen. Während des Agility-Trainings ist ein Parcours zu durchlaufen. Als Steigerung überspringt der Hund verschiedene Hindernisse. Dazu können Sie alle Dinge nutzen. Es funktioniert draußen an der frischen Luft oder zu Hause im Wohnzimmer.

Solche Übungen lassen sich im Spiel gut integrieren. Der andere Begriff, der zur Hundeausbildung und Beschäftigung immer wieder genannt wird, das ist Apportieren. Dabei geht es vorrangig um das Zurückbringen von Gegenständen, die geworfen wurden. Ursprünglich ist das aus der Jägersprache übernommene Wort ein Jagdbegriff. Die Jagdhunde haben das erlegte Beutestück ihrem Jäger gebracht. Aus unwegsamem Gebiet oft, die der Jäger gar nicht betreten konnte. Beispielsweise eine erlegte Ente aus einem Teich.

Obedienz ist eine Prüfung des Gehorsams. Dabei sind Mensch und Hund ein ganz aufeinander eingespieltes Team. Der absolute Gehorsam des Hundes gehört in den Bereich Hundesport mit Wettkampf und Prüfung.

Ebenso wie die Agility ist England Ursprungsland dieser Art mit Hunden umzugehen. Soziale Verträglichkeit gehört zu dem Sprachgebrauch in diesem Zusammenhang.

Die Festigung der Bindung zwischen Mensch und Tier ist ein Prozess. Es wird nicht nur einmal einstudiert und dann ist das ebenso. Jeder Tag hat neue Herausforderungen und die wollen bewältigt sein. Es ist nicht jeder für jedes Spiel richtig und das werden Sie erlernen und erkennen. Ihre eigene Verfassung ist ja auch täglich schwankend. Der Spieltrieb eines Hundes bleibt sein Leben lang. Es ändert sich die Kondition und die Gesundheit, aber die Lust zum Spielen ist da.

Lassen Sie sich auf die vorgestellten Möglichkeiten ein! Sie erleben die Freude des Tieres mit Ihrer Eigenen noch dazu. Die meisten Spiele kosten gar kein Geld! Nur Ihre Liebe zum Tier, zur Natur und zum Leben sind Grundvoraussetzungen.

Notizen:

Was ist zu beachten?

Regeln, die das Zusammenleben, die Erziehung und ein vertrautes Miteinander ermöglichen, gelten auch beim Spielen. Wichtig! Jeder dieser Vierbeiner verfügt über einen Spieltrieb. Es ist bei jedem anders ausgeprägt und Voraussetzung ist jeweils, dass das Tier auch gesund ist. Das bezieht sich in diesem Ratgeber auch auf das Spielverhalten der verschiedenen Hunderassen. Sie alle verhalten sich unterschiedlich. Ihre Individualität bringen sie gekonnt dabei ins Spiel. Als Beispiel nehmen wir einmal den Jack Russel. Ein Jäger, der entschlossen und auch aggressiv agiert, so ist er auch im Spiel. Ein Hund, der zum Hüten von großen Herden geeignet und ausgebildet ist, bleibt ein aufmerksamer Hütehund. Er spielt eher zurückhaltend. Insofern ist ein Fehler, wenn das Spiel völlig entgegengesetzt eingesetzt wird.

Mögliche Fehler:

1. Spiel wird lustlos und ohne echte Anteilnahme ausgeführt
2. Spielzeug ist ständig im Sichtbereich
3. Spielzeug ist für die Hundeart nicht geeignet
4. Zeitlimit nicht einhalten
5. Spielzeug in großer Anzahl
6. Spiel ohne Gegenstände wird nicht angewendet

Was bedeutet das nun im Einzelnen? Die mögliche Fehleranzahl ist ziemlich komplex. Die Vermeidung allerdings ist recht einfach, wenn die Regeln beachtet werden.

zu Punkt 1:

Ein Hund merkt sofort, wenn das Spiel nur wegen der Regelmäßigkeit stattfindet. Wenn die Lustlosigkeit zu merken ist, verliert auch der Hund sein Interesse daran. Bitte nur mit der vollen Aufmerksamkeit das Spiel für die Erziehungsarbeit nutzen. Schlechte Laune überträgt sich sofort auf den Hund. Der hat sich schon so auf die gemeinsame Zeit gewartet. Es gibt so Tage, an denen man das Spielen auch einmal auslassen kann.

zu Punkt 2:

Aufräumen gehört zum Spiel. Das Tier verliert sein Interesse, wenn zum Spiel genutzte Gegenstände immer in seiner Reichweite herumliegen.

zu Punkt 3:

Interesse des Hundes beim Kauf von Spielzeug mitberücksichtigen. Schnell bemerkt man, welche Art das Tier bevorzugt. Kuscheltiere oder festes Material usw. sind oft die Favoriten. Bei Kuscheltieren ist unbedingt auf die Qualität zu achten. Kleinteile können genauso wie bei Kindern zum Verhängnis werden.

zu Punkt 4:

Zeitlimit einhalten ist eine wichtige Regel. Wer zu lange mit dem Hund spielt, riskiert auch eine Überforderung. Maximal 15 Minuten je nach Alter und Rasse sind angemessen. Wenn gar kein Erfolgserlebnis für den Hund zu erzielen ist, bitte nicht das Spiel abbrechen. Lassen Sie ihn auch einmal gewinnen, damit er die Lust daran nicht verliert.

zu Punkt 5:

Anzahl der Spielzeuge ist besser gering zu halten und dafür öfter etwas Neues anbieten. Je nach Qualität ist das auf jeden Fall öfter erforderlich. Das Interesse kann sehr schnell nachlassen, wenn etliche Teile zur Verfügung stehen. Auch das ist eine Art der Überforderung.

zu Punkt 6:

Spiel ganz ohne Spielzeug oder andere geeignete Gegenstände wird oft vermieden. Das ist ein wichtiger Punkt, denn auch das Herumtollen und Albern zählt als Spiel. Insbesondere die Bindung zwischen beiden Parteien erfährt hierbei einen Schub.

Ganz allgemein kann gesagt werden, dass die Spiele, die in den verschiedenen Publikationen beschrieben werden, fast ausschließlich für die erwachsenen Hunde gedacht sind. Welpen im Wachstum haben noch nicht die voll ausgebildeten Muskeln, Sehnen und Knochen. Achten Sie darauf!

„Wenige Dinge geben mir ein solch tröstliches Gefühl von Vertrauen, wie die Treue eines Hundes.“

- Konrad Lorenz -

5 geniale Tipps für Vorbereitungen und Durchführung von Spielen

Tipp 1:

Nehmen Sie keine Tennisbälle zum Spielen!

Sie enthalten einige Chemikalien. Die stabile Gummihohlkugel ist mit speziellem Heißkleber und Flockmaterial beschichtet. Es besteht die Vermutung, dass die gelb eingefärbten Flockfasern auf den Bällen auch noch bleihaltig sind. Der Inhalt der Bälle ist meist Stickstoff, der beim Zerbeißen austritt. Diese Materialien nimmt der Hund beim Kauen und Beißen darauf mit auf! Das Material ist schädlich für die Zähne und gelangen die Stoffe erst in den Verdauungskreislauf und somit in den Stoffwechsel, dann wird der Hund krank.

Tipp 2:

Aufwärmen ist auch für Hunde wichtig!

Genau wie bei den Menschen brauchen die Tiere vor anstrengenden Aktivitäten auch eine Aufwärmzeit. Das ist mit leichtem Ballwerfen und ein wenig toben schnell erreicht. Sollte also eine lange Tour mit viel Abwechslung bevorstehen, muss der Hund auch gesund und fit sein.

Tipp 3:

Die Außentemperatur beeinflusst das Wohlbefinden!

Lassen Sie Ihren Hund nicht lange auf vereisten Flächen in der Position „Sitz«

Mittagshitze ist zum Spielen und Toben ungeeignet!

Tipp 4:

Wasser ist lebenswichtig! Nehmen Sie immer eine Wasserflasche für den Hund mit!

Dafür ist Leitungswasser richtig. Kohlensäurehaltiges Wasser ist ungeeignet!

Tipp 5:

Leckerlis, die auf dem Spaziergang als Belohnung gegeben werden, sind von der Gesamtration des Tages abzuziehen!

Leider werden die Hunde sonst an Gewicht zunehmen.

Notizen:

Richtige Belohnung

Diese Rubrik gehört zu den möglichen Fehlerquellen genauso wie zur Erziehung. Wie kann es sein, dass die Belohnung ein Fehler sein kann? Unwissenheit ist die häufige Ursache. Hundehalter, die ohne eine entsprechende Vorbereitung mit einem Tier leben wollen, haben ihre Kenntnisse eventuell von Bekannten oder bei Spaziergängen bei anderen erlebt. Die Unbedarftheit gepaart mit Unwissenheit ist keine Seltenheit. Daher die dringende Bitte, Belohnen nach Maß ist sinnvoll. Es sind mehrere Möglichkeiten einsetzbar. Wie geht es nun am besten, wenn die Belohnung eingesetzt werden soll? Solchen und weitere Fragen werden in diesem Ratgeber ausführlich behandelt. Die Worte »fein gemacht, gut gemacht usw.« kennen wir in diesem Zusammenhang. Das Leckerli ist immer schnell zur Hand. Nur weiß der Hund oft nicht wofür oder warum.

Guter Rat an Sie als Hundehalter:

Überlegen Sie einmal, wie es gerade Ihrem Hund ergeht. Hat er eben eine besonders schwere Aufgabe erledigt? Womöglich war es eine Aufgabe, die gegen sein Naturell ausgerichtet war? Wenn Sie einen Jagdhund haben und die Aufgabe war, nicht zu jagen, dann ist so eine Situation. Die Belohnung soll sich auch in Intensität und Größe nach der bewältigten Aufgabe richten.

Daher gilt grundsätzlich:

1. Belohnung erfolgt zunächst durch Gesten oder die Sprache.

Die Wortwahl ist dabei zweitrangig. Es kommt auf die Stimmlage an und dass das Lob ruhig ausgesprochen wird. Das hektische Loben und dabei noch in die Hände klatschen, ist nicht so wirkungsvoll.

2. Leckerlis gibt es für Leistung beim Training und Spiel.

Die Auswahl an solchen kleinen Teilen ist enorm und nicht jede Sorte schmeckt dem Hund. Da hilft nur ausprobieren.

Ideal ist so eine Sorte, die aus 100 % natürlichen Stoffen besteht. Ist eine gute Leistung erreicht, dann gibt es eine Belohnung in Form von so einem Leckerli.

3. Zeitpunkt ist nach der guten Leistung richtig.

Erst wenn die Leistung vollendet ist, steht die Belohnung an. Auf keinen Fall vor Ende der Übung belohnen, der der brave „Sitz« am Ende gehört zur Übung.

4. Vorrat dafür bereithalten!

Eine ganz wichtiger Fakt ist der ausreichende Vorrat an entsprechenden leckeren Teilen. Es wäre ein Rückschlag beim Erfolg der Erziehung, wenn die Belohnung ausbleibt. Es geht in erster Linie um das Spiel. Nur der erzieherische Effekt bleibt beim Spielen nicht aus. Etliche Kommandos gehören zum Ablauf und das trainiert erfolgreich die Erziehung mit.

Berücksichtigen Sie bitte auch, dass viele andere Dinge auch belohnend sind. Dazu gehören die Dinge, die der Hund am liebsten mag. Ein Ausflug zum Schwimmen, besonderes Fressen und mehr Streicheleinheiten. Andererseits ist Futter so willkommen für Hunde, dass sie sich auf Dinge einlassen, die sie sonst nicht tun würden. Kleine Stückchen, die schnell aus dem mitgeführten Beutelchen entnommen werden, reichen dafür aus. Nun müssen es nicht die beliebten Leckerlis sein!

Sie haben eine Gefahr dabei, die sich schnell einschleicht. Viel Aktionen werden oft belohnt. Die Auswahl, wann wirklich so ein Stückchen gegeben werden soll, obliegt Ihnen. Immer die gleiche Belohnung ist ebenso langweilig. Sie wissen doch genau, was der Hund liebt! Da kommen einige Futterstücke in Betracht, z.B. Hundewurst oder Hundekuchen. Manche Hunde mögen das nicht so gern. Dafür aber lieben sie Ihr Leberwurstbrot oder Käsebrot. Nehmen Sie ruhig einmal kleine Käse Stückchen als Belohnung mit. Praktisch sind auch die Tuben aus dem Fachhandel, die mit leckerer Creme für Hunde gefüllt sind.

Unterteilung der Spiele nach 2 Kategorien

Unterteilungen erfolgen bei den Spielen zunächst in die 2 Kategorien »Drinnen« und »Draußen«. Weitere Unterkategorien erfolgen nach Rasse, Größe, Alter usw.

Ganz wichtige Voraussetzung ist bei der Auswahl die artgerechte Beschäftigung des Hundes. Jeder Hundebesitzer, der sich einen Welpen aussucht, schaut als Erstes darauf, wie die Erziehung zu erfolgen hat. Natürlich muss die Beziehung zwischen Mensch und Tier stimmen. Das betrifft auch die artgerechte Beschäftigung im Einzelnen. Wenn sich ein Tier langweilt, dann sind kleine und mittlere Katastrophen vorprogrammiert. Die Auslastung des Hundes ist körperlich und geistig nötig. Ja nach Rasse und Veranlagung sind die Spiele anders gelagert. Jagdhunde wollen ihren angeborenen Trieb ausleben. Da müssen also Fangspiele im Programm sein.

Apportieren, Suchspiele und Agility sind bestimmt für jeden Hund etwas. Hütehund Rassen und Treibhunde brauchen die Aufgaben aus dem anspruchsvolleren Bereich. Einen Boarder Collie kann man mit einfachen Spielen nicht so glücklich machen. Golden Retriever lieben das Apportieren. Wenn man diese Grundlagen bereits berücksichtigt, dann fällt die Auswahl etwas leichter.

Auf welche Auswahl nun das Interesse fällt, hängt oft auch von Alter und Größe ab. Welpen können keineswegs alle Spiele gleich ausführen. Gesundheitliche Schäden sind unbedingt durch falschen Einsatz zu vermeiden. Akzeptieren Sie auch die Kondition des Hundes. Die Beziehung zum Tier erfährt nachhaltig Schaden, wenn Sie Zwang gegen die Art ausüben. Sie sind der Lehrende für den Hund und das sollten Sie beherzigen. Wenn der Hund nicht versteht, was Sie vermitteln wollen, wird es nicht funktionieren. Liebe, Geduld und Zeit sind wichtig, damit es gelingt. Hier folgt nun eine Auswahl an Spielarten, die jeden Hund begeistern.

Spiele für den Außenbereich

Fangspiele aller Art sind immer ein gutes Beispiel insbesondere auch für Welpen. Die Kommunikation zwischen Mensch und Hund wird erlernt. Das Tier begreift, was Sie vermitteln wollen spielerisch. Beim Fangen kommen Eigenschaften wie leichtes Anschleichen und dann Verfolgen der Beute gut zum Tragen. Muskeln und Sehnen werden gestärkt. Im Erfolgsfall ist die Freude groß.

Apportieren von Gegenständen: Das ist für die Hunde nicht nur ein Riesenspaß, manche Rassen haben diese Eigenschaften in den Genen. Zusammen mit erzieherischen Maßnahmen bleibt der Erfolg für alle anderen auch nicht aus.

Abwechslung im Ablauf einbauen, um interessanter gestaltet zu sein. Solche Maßnahmen sind im Spiel und Gassigehen notwendig. Langeweile verursacht recht schnell Auffälligkeiten im Verhalten. Es ist zu empfehlen, auf jedem Gang nach Möglichkeiten zu suchen, die als Highlight genutzt werden können. Ein wenig im Zickzack laufen und das Tempo plötzlich zu ändern, sind bereits wirkungsvoll. Ist der Weg ohne Einschränkungen frei in der Natur möglich, dann sind Fangspiele mit angesagt. Apportieren ist immer eine gute Gelegenheit für abwechselnde Gestaltung. Wenn solche Varianten nicht möglich sind, dann wechseln Sie einfach die Route, um für Abwechslung zu sorgen.

Dogdancing ist eine neue Form der Beschäftigung mit Hunden. Mit einer Portion Rhythmus im Blut und Geschicklichkeit bei den Bewegungen, machen Sie das Tanzen mit dem Hund zu einer Performance. Ja, richtig mit dem Hund, also auch Sie tanzen mit. Bewegung ist das Wichtigste für das Training von Körperbeherrschung und Geschmeidigkeit.

Agility, die aktive Beschäftigungsform für Hunde mit Fitness. Sie erfordert von Hund und Mensch flinke Bewegungen, wendiges Bewegen und körperlich fit sein. Ein Parcours, der sich einfach im Gelände ergibt, wird schnell überwunden. Ideal sind dafür Wälder, weil die Bewegung an der frischen Luft und das Auspowern gerade dort erfolgreicher ist. Allein die Waldluft mit den Gerüchen nach Tannen, Kräutern und Gras motiviert. Als Halter sind Sie ja nicht verpflichtet, alle Hindernisse mit zu überwinden.

Suchspiele bleiben für die Schnüffelnasen eine beliebte Form der Beschäftigung. Sie fordern den Hund in seinen ureigenen Fähigkeiten wie Schnüffeln, intelligentes Vorgehen und auch Schnelligkeit. Die Eigenschaften sind beim Suchen nach Gegenständen und manchmal auch nach Frauchen und Herrchen wichtig. Versteckte Leckerlis aufspüren und mit der Beute freudig zurückkehren, stärkt das Selbstvertrauen.

Fährten legen zum Aufspüren der beliebten Futterbrocken oder Leckerlis nutzen die ureigenen Fähigkeiten der Hunde gut aus. Mit den geliebten Leckerlis werden Spuren gelegt, die der Hund dann aufspüren muss. Als Belohnung liegen dann die Stücke als Beute da. Ein Stück Hundewurst oder andere und ebenfalls heiß geliebte Beutestücke verstärken die Spur mit ihrem unverwechselbaren Duft. So wird es auf dem Waldboden und im Gras etwas einfacher mit dem Auffinden der Beute.

Notizen:

Spiele für den Innenbereich

Suche nach den Leckerlis: Das ideale Spiel für zu Hause, wenn es einmal nicht hinaus gehen kann bzw. nur kurz für Gassigehen Zeit ist. Die Versteckmöglichkeiten im Haus oder der Wohnung sind zahlreich. Im Blumentopf wird es sicherlich beim Auffinden etwas schwierig. Unter dem Bett, wenn der Hund darunter passt, wird auch noch Staub gewischt. Besser ist es, andere Behälter zu verwenden. Das kann eine zusammen geknüllte Zeitung sein. Wen die Druckerschwärze dabei stört, nimmt anderes Papier, das im Haushalt immer vorhanden ist. Ein Tuch ist optimal, wenn es schön verdreht wird. Das hat der Hund eine Weile mit dem Auspacken zu tun.

Intelligenz einsetzen: Hier geht es um die Intelligenz des Hundes. Im Fachhandel sind Intelligenzspiele speziell für Hunde zu kaufen. Dem begabten Heimwerker fällt sicher eine Variante für so ein Spiel ein. Jedes Kästchen mit einer Schublade kommt in Betracht. Das Behältnis soll immer die Leckerlis aufnehmen können und der Hund muss es finden und den Öffnungsmechanismus herausfinden. Das können Deckel zum Schieben sein, Schubladen zum Herausziehen oder ein Fallmechanismus, den der Hund auslösen muss. Die Aufgabe für den Hund bleibt, dass er etwas betätigen muss, um an das begehrte Beutestück zu gelangen.

Apportieren im Wohnbereich: Das macht auch drinnen viel Spaß. Hausarbeit bietet die Möglichkeiten, den Hund dafür zu animieren. Anstatt immer denselben Gegenstand zu apportieren, lernt der Hund, verschiedene Teile zu unterscheiden. Er lernt die genauen Bezeichnungen für die geeigneten Gegenstände. Lassen Sie sich doch ruhig das Telefon bringen, wenn es klingelt oder Sie jemanden anrufen wollen. Idealerweise lehren Sie ihn, Gegenstände vom Fußboden aufzusammeln, und einen dafür vorgesehen Behälter zu legen. Sein Ordnungssinn wird hilfreich angenommen!

Agility im Haus: Auch das ist möglich, aber abhängig von der Größe des Hundes. Im Garten am Haus finden sich alle möglichen Gegenstände für einen Parcours. Da wären die Gießkanne und der Gartenschlauch. Natürlich auch größeres Spielzeug der Kinder im Garten. Nur im Haus müssen Sie auf Ihre Ausstattungen zurückgreifen. Das kann ein Kissen, eine Decke und vielleicht auch die Zeitung sein. Die beliebten Kriechtunnel aus dem Fachhandel sind geeignet. Den können Sie allerdings mit einer Decke über 2 Stühle auch selbst bauen. Ihrer Kreativität ist völlig freier Spielraum für die Gestaltung eines Parcours gegeben.

51 erfolgreiche Hunde-spiele, Tricks und Befehle

Zunächst klingt die angegebene Anzahl an Spielen doch recht groß. Es relativiert sich schnell, wenn Sie die Differenzierung dazu berücksichtigen.

Dieser Ratgeber hält folgende Anzahl an Spielen für Sie bereit:

1) 5 Spiele für kleine Hunde

2) 5 Spiele für große Hunde

3) 10 Spiele für draußen

4) 10 Spiele für drinnen

5) 5 Spiele für Anfänger unter den Hundehaltern

6) 5 Spiele für Fortgeschrittene

7) 6 Spiele für Welpen

8) 5 Spiele für alte Hunde

Erfolgreicher Umgang mit dem Hund bei den vorgestellten Spielen setzt einige Grundregeln voraus, die im vorangegangenen Teil kurz beschrieben sind. Jede Beschäftigung, bis auf das einfache Herumtollen, sind an die entsprechenden Aufforderungen an Hund gebunden. Beginnen wir mit den Befehlen, die notwendig sind, um ein Spiel im Haus oder im Freien ausführen zu können. Dabei geht es nicht nur im „Sitz« oder „Platz«, denn das reicht nicht aus. Spaziergänge im Freien, die immer wieder gleich ablaufen, bedeuten Routine. Herrchen oder Frauchen und Hund laufen einfach nebeneinander her.

Diese Zeit ist für das Gewöhnen, schulen der Aufmerksamkeit und Intelligenz genau richtig.

Damit es nicht zu langweilig wird, können viele Arten von Spielen mit eingebaut werden. Beherrscht der Hund bereits die Kommandos oder Befehle, fällt es leicht. Sonst müssen diese im Spiel immer wieder angewendet und gefestigt werden. Außerdem wird der Hund immer wieder von Vorfreude ergriffen, wenn er auf Herrchen oder Frauchen schaut, während sie die Leine und das Geschirr holen. Es könnte ja ein spannendes Spiel beginnen. Derart motiviert, gehorcht der Hund immer besser. Nutzen Sie die Vorfreude mit aus, auch wenn der Hund sehr aufgeregt sein sollte. Ihre Gesundheit und Lebensfreude erfahren durch die Arbeit und das Spielen mit dem Hund positive Energien. Freuen Sie sich mit!

„Der Hund ist Teil unseres Lebens,
für unseren Hund sind wir sein ganzes Leben.“

- Unbekannt -

„Gib dem Menschen einen Hund und
seine wird gesund.“

- Hildegard von Bingen -

Kommandos - Die Basics

Kommandos, die ein erfolgreiches Training ermöglichen, sind die Basics, die ein Hund beherrschen muss. Keines der Spiele lässt sich ohne solche Grundregeln erlernen. Hier sind die 7 Basics mit kurzer Erklärung aufgeführt:

»HIER«

Ist das wichtigste Kommando, das der Hund beherrschen muss. Das muss er in jeder möglichen Situation befolgen! Also immer wieder üben. Dafür ist zu beachten, dass der Hund mit dem Wort allein noch nichts anfangen kann. Es ist sinnvoll, während er auf Sie zuläuft, dieses Wort zu verwenden und ihn mit offenen Armen erwarten. In dieser Position lernt er, dass das gegebene Kommando mit dem Gang auf Sie zu verbunden ist. Begrüßen Sie ihn dabei freudig und heben Sie die Stimme an. Er soll die Freude über Ihr Zusammentreffen deutlich spüren. Belohnen ist wichtig! Das Tier muss den Befehl befolgen und dann neben Ihnen von allein die Position »Sitz« einnehmen.

Örtlichkeit: in der Wohnung und im Freien

Zielsetzung: Gehorsam, Kontrolle der Impulse und Koordination, Erziehung, bessere Bindung an den Menschen

alternative Kommandos: »Komm«

Was wird benötigt: Trockenfutterbrocken, Zeit, Konsequenz, Motivation und Körpersprache

Ablauf:

1. Beim Spaziergang, Gassi gehen und jeder anderen Situation, bei der Ihr Hund einen Moment freiläuft, kommt so ein Befehl zum Einsatz.

2. Das Kommando »Hier« benutzen Sie, sobald Sie eine mögliche Gefahr oder Schwierigkeit erkennen.

3. Ist so eine Gefahrensituation bereits entstanden, beordern Sie Ihren Hund mit dem Befehl sofort zu sich.

4. Der Hund muss ohne weitere Aktion sofort an Ihre Seite in die Position »Sitz«.

5. Als Belohnung ist ausdrückliches Loben und Streicheln angemessen.

»AUS«

Mit diesem Befehl ist gleich das nächste und besonders wichtige Kommando zu erlernen. Das Tier muss unbedingt folgen und auch in der größten Aufregung sind die beiden Befehle »Hier« und »Aus« grundlegend wichtig. Bereits im Welpenalter zu erlernen und bleibt ein Hundeleben lang essenziell. Sie lösen damit schwierige Situationen auf. Als Ersatz für das, was er hergeben soll, bieten Sie ein Leckerli an.

Örtlichkeit: in der Wohnung und im Freien

Zielsetzung: Gehorsam, Kontrolle der Impulse, Lösung eines Problems und Erziehung

alternative Kommandos: »Nein«

Was wird benötigt: Trockenfutterbrocken, Zeit, Konsequenz, Motivation und Körpersprache

Ablauf:

1. Das Kommando wird zur Beendigung einer Situation eingesetzt. Anhaltendes Bellen, Anspringen an Personen u. Ä. sind sofort zu beenden.

2. Der Hund muss sofort auf Ihren Befehl reagieren und fällt in die Position »Sitz«.

3. Je nach Situation beruhigen Sie den Hund und lösen das aufgetretene Problem.

»BLEIB«

Damit der Hund auf gar keinen Fall den zugewiesenen Platz verlässt, ist der Befehl anzuwenden. Das gilt auch, wenn man sich selbst wegbewegt, der Hund muss bleiben. Am besten ist es, wenn das Tier dabei lernt, sich in die Position »Platz« zu legen. So fällt es ihm leichter, auszuharren und zu warten.

Örtlichkeit: in der Wohnung und im Freien

Zielsetzung: Gehorsam, Kontrolle der Impulse, Lösung eines Problems und Erziehung

alternative Kommandos: »Nein«, »Sitz«

Was wird benötigt: Trockenfutterbrocken, Zeit, Konsequenz, Motivation und Körpersprache

Ablauf:

1. Diese Aufforderung nutzen Sie, wenn der Hund auf Sie warten muss. Vor einem Geschäft oder Gebäude, in das er nicht mit Ihnen gehen darf.

2. Sie befestigen die Leine an vorgesehenen Haken bzw. geeigneten Gegenständen. Das kann auch ein Fahrradständer sein oder eine Straßenlaterne.

3. Mit dem Kommando »Sitz« muss er auf Sie warten.

4. Begrüßen Sie ihn und loben Sie ausdrücklich mit Worten. Streicheln tut ihm gut! Diese Situation muss er mit Ihrer Rückkehr verbinden können.

5. Das gilt auch, wenn es etwas länger dauert. Dann darf es gern auch mehr als Streicheln sein.

6. Nehmen Sie deshalb immer einen kleinen Vorrat an Lieblingsknabbereien für ihn mit.

»SITZ«

Mit der Ausführung von diesem Befehl wird erreicht, dass der Hund tatsächlich sitzt. Zum Erlernen wird ein Trick angewendet. Mit einem Stück Fleisch oder einem Leckerli erregt man die Aufmerksamkeit des Hundes. Er hebt den Kopf, damit er es nicht aus den Augen verliert und wird sich dann setzen. Das ist der Moment für den Befehl „Sitz«. Sie geben ihm sofort das begehrte Stück. Die Übung ist für den Hund schwer, weil er in voller Erregung das Stück möchte und da ist hinsetzen viel verlangt. Es hilft in vielen Situationen, bei denen der Hund abgelenkt und beruhigt werden soll. Der Befehl ist Beginn aller Aktivitäten. So kommt das Tier eher zur Ruhe und die Aufmerksamkeit wird für die nächste Aktivität erzeugt. Beispiele sind das Anlegen der Leine, auf der Straße, wenn die überquert werden soll oder bei dem Antreffen von Personen. Das Kommando lenkt den Hund jeweils von gefährlichen oder unbekannten Situationen ab.

Örtlichkeit: in der Wohnung und im Freien

Zielsetzung: Gehorsam, Kontrolle der Impulse, und Erziehung

alternative Kommandos: keine

Was wird benötigt: Trockenfutterbrocken oder Leckerli, Zeit, Geduld, Konsequenz, Motivation und Körpersprache

Ablauf:

1. Das Kommando ist Beginn der meisten Aktivitäten.

2. Viele Situationen erfordern es, dass Sie Ihren Hund beruhigen und ablenken müssen. Beim Überqueren der Straße, wenn Sie auf das Ampelsignal warten z. B., ist das wichtig.

3. Fordern Sie den Hund mit »Sitz« zum Abwarten auf.

4. Sobald es weiter geht, lösen Sie mit einer Anordnung wie z. B. »Komm« oder »Los« auf.

5. Zum Ende einer Aktion ist das Kommando ebenso häufig.

»PLATZ«

Als sicheres Kommando für das Abregen des Hundes gilt dieser Befehl. Er muss sich legen und da fällt ihm sogar das Bellen schwer. Der Befehl bringt den Hund am besten unter Kontrolle. Als Folge aus dem »Sitz« kann dieses Kommando gut ausgeführt werden.

Örtlichkeit: in der Wohnung und im Freien

Zielsetzung: Gehorsam, Kontrolle der Impulse, und Erziehung

alternative Kommandos: keine

Was wird benötigt: Trockenfutterbrocken oder Leckerli, Zeit, Geduld, Konsequenz, Motivation und Körpersprache

Ablauf:

1. Zum Abregen und Beruhigen ist das Kommando wichtig für den Hund.

2. In unbekannten Situationen bringen Sie Ihren Hund in diese Position aus dem »Sitz«.

3. Er muss sich bedingungslos legen, ohne weitere Aktivitäten wie Bellen z. B. oder Jaulen.

4. Er wartet, bis Sie wieder zu ihm kommen und ihn für seinen Ausdauer belohnen.

»BEI FUß«

Dieses Kommando veranlasst den Hund, direkt neben seinem Frauchen oder Herrchen zu gehen. Als Faustregel gilt hier, dass die Seite entgegengesetzt der Arbeitshand dafür ausgewählt wird. So bleibt die starke Hand frei für alle anderen Aktionen.

Örtlichkeit: in der Wohnung und im Freien

Zielsetzung: Gehorsam, Kontrolle der Impulse, und Erziehung, festere Bindung

alternative Kommandos: »Bei mir«

Was wird benötigt: Trockenfutterbrocken oder Leckerli, Zeit, Geduld, Konsequenz, Motivation und Körpersprache

Ablauf:

1. Bei jedem Gang durch die Stadt und Bereiche mit vielen Menschen muss der Hund dicht an Ihrer Seite gehen.

2. Dadurch haben Sie jederzeit die volle Kontrolle.

3. Situationsbedingt bringen Sie den Hund damit sofort zurück an Ihre Seite.

4. Das Kommando erhöht die Sicherheit für Sie und Ihren Hund.

»BEI MIR«

Anders als beim Kommando »Bei Fuß« bleibt dem Hund hier ein wenig Spielraum um Sie herum. Die mit diesem Kommando veranlasste kreisförmige Bahn ist für ihn bindend. Nur mit Ihrem ausdrücklichen weiteren Kommando kann er diesen Kreis verlassen. Er hat ein wenig Freiraum in ungewohnten Situationen und Sie haben jederzeit die Kontrolle. Sie können regulierend eingreifen.

Örtlichkeit: in der Wohnung und im Freien

Zielsetzung: Gehorsam, Kontrolle der Impulse, Erziehung und festere Bindung

alternative Kommandos: »Bei Fuß «

Was wird benötigt: Trockenfutterbrocken oder Leckerli, Zeit, Geduld, Konsequenz, Motivation und Körpersprache

Ablauf:

1. Der Befehl veranlasst den Hund, aus jeder Situation sofort in einem kleinen Umkreis bei Ihnen zu bleiben.

2. Großes Vertrauen gegenseitig ist Voraussetzung.

3. Gehorsam zur Ausführung und Durchhalten verlangt vom Hund viel Disziplin.

4. Lösen Sie die Situation zum Ende mit Kommando »Komm« oder «Los« auf.

5. Belohnung mit Worten und Streicheln ist wichtig, weil es eine sehr schwere Aufgabe für den Hund ist.

Diese Kommandos oder Befehle sind immer wieder und ausführlich zu üben, damit des Grundvertrauen auf beiden Seiten gesichert wird. Für das Tier sind die Ausführungen dieser Kommandos kein natürliches oder angeborenes Verhalten. Sie müssen geübt werden.

Anatomie und Spiel

Die Anatomie der Hunde und die Bewegungsfähigkeit von Gelenken und Muskelgruppen hat große Bedeutung für die Spiele. Starke Haltemuskeln werden für Drehbewegungen benötigt genauso wie ein starkes Bindegewebe. Bei vorwiegend starker Beinarbeit, wie bei großen Windhunden, ist der gesamte Halteapparat aus Gelenken, Muskeln und Sehnen auf diese Vorwärtsbewegung eingestellt.

Nun ist leider Trend oder als notwendig erachtet worden, die Kastration durchzuführen. Das bringt Verlierer in mehrfacher Hinsicht hervor.

Es sind die Hunde mit dem starken Muskelbau und kräftigem Bindegewebe. Stress und die Kastration wirken sich auf den gesamten Halteapparat negativ aus. Ursache ist das Testosteron. Das sorgt für starken Muskelbau. Das Gewebe wird durch das Hormon elastisch gehalten. Die großen Gelenke leiden unter dem schwachen Gewebe. Dazu kommt noch der Leinenzwang.

Die Auswirkungen auf die Knorpelbildung an den Gelenken ist enorm. Diese Schicht ist durch ausreichende und richtige Bewegung zu ernähren. Die erforderlichen Nährstoffe holt sich die Knorpelschicht nun aus der Gewebsflüssigkeit. Hüfte und Schulter brauchen die Bewegung für ihre Funktionsfähigkeit. Es reicht nicht einmal der schnelle Lauf, um die Knorpelflächen voll zu ernähren.

Was hat das alles nun mit dem Spiel zu tun?

Die volle Knorpelfläche wird bei unregelmäßigen Bewegungen genutzt. Dazu gehören die Bremsmanöver und Wendemanöver. Sprünge im freien Bewegungsspiel gehören zu solchen Aktivitäten. Sonst wird nicht die ganze Fläche der Knorpel ernährt.

Es betrifft vor allem die großen Hunderassen. Sie brauchen die ausgedehnte Raumnutzung. Es ist unangemessen, wenn sie nur im Schritt gehen dürfen.

Trab ist manchmal die schnellste Bewegungsart. Auch die landläufig für gut befundene Art, neben dem Fahrrad zu laufen, ist nicht ausreichend. Tempoerhöhung bewegt die großen Knorpelflächen nicht.

Es kommt zur Degeneration der Gelenke und Arthrose folgt. Kommen Entzündungen dazu, wird es Arthritis.

Erkenntnis:

Leinenzwang und Kastration machen die Hunde krank. Sie als Hundehalter sollten dies berücksichtigen. Passen Sie die Spielart aus diesem Grund für Ihren Vierbeiner an!

Notizen:

Differenzierung der Spiele nach Inneren und Äußeren Bereichen

Spiele mit dem Hund lassen sich problemlos im Haus und im Außenbereich durchführen. Jedes davon hat seinen besonderen Reiz. Spiele, die mit einem weitläufigen Bereich durchzuführen sind, gehören nach draußen. Andere lassen sich gut in beiden Bereichen durchführen. Langeweile ist für das Tier unerträglich. Bevor aus diesem Grund ungeeignete Dinge angenagt werden, muss Spielzeug, welches die Kreativität auch fördert, bereitliegen. Gemeinsamer Spaß ist durch nichts zu ersetzen und das Fördern der Bindung ist dabei nur ein Grund.

Notizen:

Spiele im Innenbereich (mit Futtereinsatz)

Alle Spiele im Bereich der Wohnung sind sinnvoll und notwendig, damit dem Hund nicht die Langeweile überkommt. Sie dienen der Ablenkung und Auffrischung aller bekannten Kommandos ebenso wie der Auslastung. Vorbereitend ist der Bereich innerhalb der Wohnung oder des eigenen Hauses auf Gefahrenquellen zu überprüfen! Beziehen Sie in diese Spiele Futter und Leckerlis mit ein. Das Tier kann im Haus beschäftigt werden und die Auslastung erfolgt im Spiel. So gesehen sind die Schnüffelspiele prädestiniert für den Innenbereich. Das kommt ihrer Veranlagung als Makrosmatiker, d. h. sie sind mit einem sehr gut ausgebildeten Geruchssinn ausgestattet, sehr entgegen. Diesen Sinn zu schärfen und auch zu festigen, ist wichtig für ein Hundeleben. Sie orientieren sich zuerst nach dem Geruchssinn. Die Nase ist somit das Wichtigste. Suchspiele eignen sich für Welpen und ganz alte Hunde.

Notizen:

1. Kullern

Übung mit ganz einfachem Charakter ist, wenn ein Brocken des Trockenfutters über den Boden kullert und das Tier sprintet hinterher. Der Brocken darf gefressen werden.

Örtlichkeit: in der Wohnung und im Freien

Zielsetzung: Ausdauer und Koordination

Differenzierung: einfaches Spiel

Was wird benötigt: Trockenfutterbrocken, Zeit

Ablauf:

1. Nehmen Sie einen Brocken Trockenfutter!

2. Zeigen Sie den Ihrem Hund!

3. Lassen Sie den Brocken auf dem Boden entlangkullern!

4. Zeigen Sie mit Handzeichen den Weg!

5. Mit Kommando »Los« läuft der Hund hinterher.

6. Nach Kommando »Bring« soll er den Brocken zu Ihnen bringen.

7. Mit Kommando »Platz« legt er sich hin.

8. Mit Kommando »Leg ab« gibt er den Brocken her und legt ihn vor Sie hin.

9. Sie geben ihm den Brocken als Belohnung!

2. Kullern 2.0

Weitere Kommandos werden mit eingebunden und dem Hund wird nicht gezeigt, dass es ein Futterbrocken ist.

Örtlichkeit: in der Wohnung und im Freien

Zielsetzung: Ausdauer und Koordination

Differenzierung: einfaches Spiel

Was wird benötigt: Trockenfutterbrocken, Zeit

Ablauf:

1. Es beginnt mit Kommando „Sitz« und der Hund muss in dieser Position warten.

2. Sie rollen den Brocken Trockenfutter über den Boden.

3. Bis das Kommando »Hol« dazu kommt, muss er warten.

4. Er läuft entsprechend Ihres Handzeichens in die Richtung des Brockens.

5. Auf Kommando »Bring« nimmt er den Ball und kommt zurück.

6. Es folgt Kommando »Platz« und er muss sich hinlegen.

7. Nach Kommando »Leg ab« legt er den Ball vor Ihre Füße hin.

8. Sie übergeben den Brocken als Belohnung und Streicheln folgt.

3. Kullern mit Versteck

Ist als weitere Steigerung der Übung 2. mit einem versteckten Futterbrocken in einem Ball auszuführen. Dazu muss ein kleiner Gummiball aufgeschnitten werden. Da hinein kommt ein Trockenfutter Brocken. Der Hund bringt entsprechend 2. den Ball zurück. Und erhält den Brocken aus dem Ball.

Örtlichkeit: in der Wohnung und im Freien

Zielsetzung: Ausdauer, Lösung und Koordination

Differenzierung: einfaches Spiel bis mittelschwer

Was wird benötigt: Trockenfutterbrocken, Gummiball, Zeit

Ablauf:

1. Es beginnt mit dem Kommando »Sitz« und der Hund muss warten.

2. Bis das Kommando »Hol« dazu kommt, muss er abwarten.

3. Er läuft entsprechend Ihres Handzeichens in die Richtung.

4. Auf Kommando »Bring« nimmt er den Brocken und kommt.

5. Es folgt Kommando »Platz« und er muss sich hinlegen.

6. Nach Kommando »Leg ab« legt er den Brocken vor Sie hin.

7. Sie übergeben den Brocken als Belohnung und Streicheln folgt.

4. Futter im Versteck

Versteckspiele mit dem Trockenfutter sind zur Schulung der Aufmerksamkeit und Belohnung geeignet. In der ganzen Wohnung findet sich ein Versteck für so kleine Teile. Das Versteck sollte aber nicht sofort zu finden sein. Ein wenig Arbeit soll das Suchen schon machen. Kleine Hilfen für die Richtung, in der er suchen soll, sind durchaus erlaubt.

Örtlichkeit: in der Wohnung und im Freien

Zielsetzung: Ausdauer, Koordination und Lösung

Differenzierung: einfaches Spiel bis mittelschwer

Was wird benötigt: Brocken vom Trockenfutter, ein Versteck, Zeit

Ablauf:

1. Es beginnt mit dem Kommando »Sitz« und der Hund muss warten.

2. Sie zeigen dem Hund das Stück Futter.

3. Sie verstecken diesen Futterbrocken in einem Korb.

4. Bis das Kommando »Hol« dazu kommt, muss er warten.

5. Er läuft entsprechend Ihren Handzeichen in die angegebene Richtung.

6. Der Hund schnüffelt sich bis zum Futterbrocken im Korb durch.

7. Auf Kommando »Bring« nimmt er den Brocken und kommt.

8. Es folgt Kommando »Platz« und er muss sich hinlegen.

9. Nach Kommando »Leg ab« legt er den Brocken vor Sie hin.

10. Sie übergeben den Brocken als Belohnung und Streicheln folgt.

5. Such das Leckerli!

Gegenstände, die sonst nicht zum Gebrauch für den Hund sind, eignen sich gut als Versteck. Die körperliche Anstrengung und das Schnüffeln mit der Nase sind eine gute Auslastung. Geeignet für Welpen bis zu den Senioren. Beispielsweise kann ein Tuch zusammengeknüllt werden und darin wird ein Leckerli versteckt. Das Tuch wird zwanglos drapiert und der Hund geht auf die Suche. Weitere Objekte finden sich in jedem Haushalt für diese Spiele.

Örtlichkeit: in der Wohnung und im Freien

Zielsetzung: Ausdauer, Lösung und Koordination, Nasenarbeit, Spaß

Differenzierung: einfaches Spiel bis mittelschwer

Was wird benötigt: ein Tuch, ein Leckerli und Zeit

Ablauf:

1. Es beginnt mit dem Befehl »Sitz«, daraufhin muss der Hund warten.

2. Sie zeigen dem Hund das Tuch und das Leckerli.

3. Sie verstecken das Leckerli im Tuch und zerknüllen es dann.

4. Bis das Kommando »Hol« dazu kommt, muss er warten.

5. Er läuft entsprechend Ihren Handzeichen in die Richtung.

6. Der Hund erschnüffelt sich das Leckerli im Tuch.

7. Er muss das Tuch öffnen, um an das Leckerli zu gelangen.

8. Das braucht Zeit und Geduld, je nachdem wie groß das Tuch ist.

9. Auf Kommando »Bring« nimmt er das Leckerli, wenn er es gefunden hat und kommt.

10. Es folgt Kommando »Platz« und er muss sich hinlegen.

11. Nach Kommando »Leg ab« legt er das Leckerli vor Sie hin.

12. Sie übergeben ihm das als Belohnung und streicheln ihn.

6. Zerren an der Hosenbeinspirale

Zerrspielzeug eröffnet viele Varianten zum Spiel. Ob kommerzielles Hundespielzeug immer gut und nötig ist, sei dahingestellt. Alte Kleidung, die im Container landen sollte, kann man gut auf Tauglichkeit prüfen. Hemden lassen sich gut zu einem festen Strick drehen und Hosenbeine sind ein wunderbares Spielzeug. Besonders wenn es Jeans waren. Der feste Stoff geht nicht so schnell entzwei. Welches nun zum Einsatz kommt, bleibt Ihnen überlassen. Nehmen Sie so einen Strick und lassen Ihren Hund danach schnappen. Er wird sich festbeißen und daran zerren. Tun Sie das Gleiche und der Spaß beginnt. Beide zerren, bis Sie das Kommando »Aus« einsetzen. Beim 2. Versuch kann bereits der kleine Schleudergang dazukommen. Drehen Sie sich im Kreis und lassen den Hund an dem Strick mit herumschleudern.

Tipp: Zuvor unbedingt das Kleidungsstück von Reißverschlüssen, Knöpfen u. Ä. befreien, damit eine Verletzung dadurch ausgeschlossen wird.

Örtlichkeit: in der Wohnung und im Freien

Zielsetzung: Ausdauer und Spaß

Differenzierung: einfaches Spiel

Was wird benötigt: alte Hosen, Zeit und Kraft

Ablauf:

1. Es beginnt mit »Sitz« und der Hund muss warten.

2. Sie zeigen dem Hund die Hose.

3. Sie verdrehen ein Hosenbein zu einem Strick.

4. Mit dem Kommando »Zerr« fordern Sie den Hund nun auf.

5. Er packt den Strick und Sie zerren am anderen Ende.

6. Steigern Sie es noch, indem Sie sich drehen.

7. Setzen Sie einen kleinen Schleudergang mit ein!

8. Das braucht Zeit und Geduld, je nachdem wie kräftig der Hund ist.

9. Auf Kommando »Aus« beenden Sie die erste Tour.

10. Es folgt Kommando »Platz« und er muss sich hinlegen.

11. Nach Kommando »Leg ab« legt er den Strick vor Ihnen ab.

12. Sie streicheln ihn als Belohnung.

„Ein Hund weiß nicht, wie man Liebe schreibt,
aber er weiß, wie man sie täglich zeigt."

- Unbekannt -

„Es ist immer der Mensch,
der den Hund nicht versteht. Nie umgekehrt."

- Stefan Wittlin -

7. Folge dem Duft!

Duftspuren mit dem Leckerli oder Brocken vom Trockenfutterlegen, ist eine Kombination aus Suchen und Schnüffeln. Dieses Aufspüren der Fährte kann durch die ganze Wohnung erfolgen. Nehmen Sie einen solchen Futterbrocken und legen Sie den in ein Gefäß mit vielen Luftlöchern. Aus einem kleinen Karton können Sie sich so etwas anfertigen. Der ist mehrfach verwendbar für dieses Spiel. Als Behelf eignet sich auch ein kleines Teesieb. Dann ziehen Sie mit dem Gefäß eine Duftspur und verstecken das Leckerli am Ende in einem aufgeschnittenen Ball. Trainieren Sie dem Hund an, dass er am Versteck von allein in die Position »Platz« geht. Erst auf das Kommando »Bring« soll er den Ball zu Ihnen bringen und von allein ablegen. Dann bekommt er die Beute.

Örtlichkeit: in der Wohnung und im Freien

Zielsetzung: Ausdauer, Nasenarbeit und Koordination

Differenzierung: einfaches Spiel bis mittelschwer

Was wird benötigt: Leckerli oder Trockenfutterbrocken, Gefäß

Ablauf:

1. Es beginnt mit »Sitz« und der Hund wartet auf die nächste Aufforderung.

2. Sie zeigen dem Hund die das Leckerli und das Gefäß wie ein Sieb beispielsweise.

3. Sie legen das Leckerli hinein.

4. Mit dem Gefäß ziehen Sie eine Duftspur über den Boden.

5. Mit dem Kommando »Hol« soll er das Leckerli im Gefäß finden.

6. Mit Kommando »Bring« nimmt er es und bringt es zu Ihnen.

7. Es folgt Kommando »Platz« und er muss sich hinlegen.

8. Nach Kommando »Leg ab« legt er das Gefäß vor Ihnen ab.

9. Sie entnehmen das Leckerli dem Gefäß und geben es dem Hund.

10. Sie streicheln ihn als Belohnung.

11. Ein wiederholtes »Brav gemacht« schadet nicht.

Damit es nicht so schnell langweilig wird, können Sie die Spur um einige Schwierigkeiten erweitern. Legen Sie auf der Spur noch weiter.

Notizen:

8. Such das Richtige!

Legen Sie Bälle ohne Inhalt aus. Legen Sie die Spur einmal um die Bälle herum. An der Intensität der Duftmarke spürt die Hundenase auf, wo sein Leckerli versteckt ist.

Örtlichkeit: in der Wohnung und im Freien

Zielsetzung: Ausdauer, Nasenarbeit und Koordination

Differenzierung: einfaches Spiel bis mittelschwer

Was wird benötigt: Leckerli oder Trockenfutterbrocken, mehrere Gefäße oder Bälle

Ablauf:

1. Es beginnt mit dem Befehl »Sitz« und der Hund wartet.

2. Sie zeigen dem Hund das Leckerli und die Gefäße, wie Bälle mit eingeschnittener Kerbe beispielsweise.

3. Sie legen das Leckerli in einen Ball hinein.

4. Mit dem Gefäß ziehen Sie eine Duftspur über den Boden.

5. An der Stelle legen Sie zusätzliche leere Bälle aus.

5. Mit dem Kommando »Hol« soll er das Leckerli im richtigen Gefäß finden.

6. Mit Kommando »Bring« nimmt er es und kommt zu Ihnen.

7. Es folgt Kommando »Platz« und er muss sich hinlegen.

8. Nach Kommando »Leg ab« legt er das richtige Gefäß vor Ihnen ab.

9. Nehmen Sie das Leckerli aus dem Gefäß und geben es dem Hund.

9. Pack aus!

Auspacken wird entweder ein Geduldsspiel oder es ist anfangs zu schwer, an das Futter zu gelangen. Hier ist Ihre Kreativität gefragt. Packen Sie zunächst einen Futterbrocken lose in Knüllpapier und wickeln einen breiten Streifen Paketklebeband herum. Dieses Paket muss der Hund nun öffnen, um an seine Belohnung zu gelangen. Die Schwierigkeiten können Sie dann immer weiter steigern. Entweder das Paket fester einwickeln oder viel mehr Knüllpapier verwenden. Die nächste Stufe ist dann, wenn Sie das Knüllpaket fester verpackt in einem umgestülpten Karton verstecken. Lassen Sie Ihren Hund geduldig versuchen, den Karton zu wenden, und das Paket auspacken. Letzte Steigerung in diesem Spiel ist es, wenn Sie nun auch den Karton leicht verschließen, indem Sie einen Deckel nur leicht darauflegen. Ihr Problem sind nur die anschließenden Aufräumarbeiten. Ihr Hund wird sein Leckerli finden.

Örtlichkeit: in der Wohnung und im Freien

Zielsetzung: Ausdauer und Koordination

Differenzierung: einfaches Spiel

Was wird benötigt: Leckerli oder Trockenfutterbrocken, mehrere Gefäße

Ablauf:

1. Es beginnt mit »Sitz« und der Hund wartet.

2. Sie zeigen dem Hund das Leckerli und die Gefäße, wie geknüllte Zeitungsblätter beispielsweise.

3. Sie legen das Leckerli in einen zerknüllten Packen hinein.

4. Damit ziehen Sie eine Duftspur über den Boden.

5. An der Stelle legen Sie zusätzliches Knüllpapier aus.

5. Mit dem Kommando »Hol« soll er das Leckerli im richtigen Knüllpaket finden.

6. Zeitungspapierfetzen entstehen, wenn der Hund das richtige Leckerli Paket sucht und findet.

7. Mit Kommando »Bring« nimmt er es und bringt es zu Ihnen.

8. Es folgt Kommando »Platz« und er muss sich hinlegen.

9. Nach Kommando »Leg ab« legt er das Knüllpaket vor Ihnen ab.

10. Sie entnehmen das Leckerli dem Gefäß und geben es dem Hund.

Notizen:

10. Becherversteck

Hütchenspieler sind in Fußgängerzonen entweder lästig oder sehr interessant. Für Ihren Hund ist das ein Spiel für Aufmerksamkeit und Belohnung. Nehmen Sie einfache Joghurtbecher, die gut ausgewaschen sind dafür. Sie brauchen 3 Stück davon. Der Hund muss dabei zusehen, wie Sie das Leckerli unter einem Becher verstecken. Dann werden Sie zum Hütchenspieler und tauschen die Becher hin und her. Nun muss der Hund seine Belohnung suchen. Da durch das hin und herschieben eine Fährte mit dem Duft des Leckerlis gezogen wurde, muss er schnüffeln und suchen. Wenn es nicht auf Anhieb funktioniert, macht es nichts aus. Der Hund wird seine Freude an diesem Spiel haben, wenn Sie zu Anfang ein wenig helfen.

Örtlichkeit: in der Wohnung und im Freien

Zielsetzung: Ausdauer, Nasenarbeit, Aufmerksamkeit, Lösung und Koordination

Differenzierung: einfaches Spiel bis mittelschwer

Was wird benötigt: Leckerli oder Trockenfutterbrocken, mehrere Joghurtbecher

Tipp: Die Becher können von allen möglichen Lebensmitteln sein. Wichtig ist nur, dass sie wirklich neutral riechen. Sie müssen gut gereinigt werden.

Ablauf:

1. Es beginnt mit »Sitz« und der Hund wartet.

2. Sie zeigen dem Hund das Leckerli und die Gefäße.

3. Sie legen das Leckerli unter einen der Becher und stellen 2 weitere dazu.

4. Nun ziehen Sie eine Duftspur über den Boden und wechseln bei allen 3 Bechern die Positionen.

5. Die Duftspur verwischt sich durch das ständige Wechseln und wird zur Fläche.

6. Mit dem Kommando »Such« soll er das Leckerli unter dem richtigen Becher finden.

7. Mit Kommando »Bring« nimmt er es und bringt es zu Ihnen.

8. Es folgt Kommando »Platz« und er muss sich hinlegen.

9. Nach dem Kommando »Leg ab« muss er es vor Ihre Füße legen.

10. Sie belohnen ihn anschließend damit.

„Es gibt nur einen einzigen klügsten Hund auf der Welt,
und jeder besitzt genau diesen."

- Louis Sabin -

„Wenn ihr Hund glaubt,
sie seien der größte,
holen sie keine zweite Meinung ein."

- Jim Fiebig -

Spiele im Außenbereich

Garten, Stadtpark oder einfach hinaus ins Grüne, das sind die idealen Plätze, auf denen ein Hund ausgiebig toben kann. Zu beachten ist in öffentlichen Anlagen grundsätzlich die Leinenpflicht. Aus diesem Grund ist es für Stadtbewohner wirklich nicht einfach, einen geeigneten Platz zu finden. Vorausgesetzt so ein Platz ist vorhanden, kann die Spielzeit beginnen.

1. Ballwürfe

Das Ballspiel wird mit den Kommandos »Sitz«, »Platz« und »Bring her« sowie »Leg ab« ausgeführt. Belohnungen erhält der Hund in diesem Fall für die gut ausgeführten Befehle. So wird das Spiel viel spannender und der Hund wird voll ausgelastet.

Örtlichkeit: im Freien

Zielsetzung: Ausdauer, Spaß

Differenzierung: einfaches Spiel

Was wird benötigt: evtl. Leckerli, Ball in passender Größe zum Hund.

Ablauf:

1. Es beginnt mit »Sitz« und der Hund wartet.

2. Sie zeigen dem Hund den Ball und werfen ihn der Örtlichkeit entsprechend weit.

3. Gleichzeitig geben Sie das Kommando »Hol«

4. Gleich danach folgt das Kommando »Bring« wenn er ihn gefangen oder gefunden hat.

5. Es folgt Kommando »Platz« und er muss sich hinlegen.

6. Nach dem Kommando »Leg ab« muss er den Ball vor Ihre Füße legen.

7. Sie belohnen ihn anschließend eventuell. Er wird aber auf den nächsten Wurf schon warten.

2. Ballwürfe 2.0

Durch nichts zu ersetzen, ist das beliebte Spiel mit dem Ball. Es ist für beide ein großes Vergnügen und eine sportliche Herausforderung. Je nach Kondition ist die Anzahl der Würfe und die Länge der Strecke für den Ballwurf bemessen. Belohnungen sind in diesem Fall nicht unbedingt erforderlich.

Örtlichkeit: im Freien

Zielsetzung: Ausdauer, Spaß

Differenzierung: einfaches Spiel

Was wird benötigt: Leckerli oder Trockenfutterbrocken, Ball in passender Größe zum Hund.

Ablauf:

1. Das Spiel beginnt mit »Sitz« und der Hund wartet.

2. Sie zeigen dem Hund den Ball nicht und werfen ihn weit weg.

3. Gleichzeitig geben Sie das Kommando »Fang«

4. Gleich danach folgt das Kommando »Bring«, wenn er ihn gefangen hat.

5. Es folgt das Kommando »Platz« und er muss sich hinlegen.

8. Nach dem Kommando »Leg ab« muss er den Ball vor Ihre Füße legen.

9. Sie belohnen ihn anschließend eventuell. Er wird aber schon auf den nächsten Wurf warten.

3. Eigenbau Hindernislauf

So ein Parcourslauf mit selbsterrichteten Hindernissen wird für beide ein Riesenspaß. Wer Gelegenheit hat, im Wald zu laufen und zu spielen, der findet geeignete Stöcke und andere Teile. Aus denen wird die Strecke gebaut. Wurzeln und Äste werden in regelmäßigen Abständen als Hindernis von Ihnen aufgebaut. So entsteht die Strecke für den Lauf. Sie können wieder mit den Befehlen arbeiten oder sie weglassen. Laufen Sie mit dem Hund mit und bewältigen Sie ebenfalls den Parcours. Die Leckerlis als Belohnung sind allerdings nur für den Hund. Die Energie, die für den Lauf aufgebracht werden muss, ist nicht gering. Fitness und Aufmerksamkeit durch den Lauf festigen das Gemeinschaftsgefühl.

Örtlichkeit: in der Wohnung und im Freien

Zielsetzung: Ausdauer, Festigung der Bindung und Koordination

Differenzierung: einfaches Spiel

Was wird benötigt: Leckerli oder Trockenfutterbrocken, Stöcke und Steine aus dem Wald oder Park

Ablauf:

1. Es beginnt mit »Sitz« und der Hund wartet.

2. Sie nehmen vorhandene Stöcke u. Ä. zum Parcoursbau.

3. Eine Runde führen Sie den Lauf über die Gegenstände vor!

4. Mit dem Kommando »Komm« laufen Sie mit ihm los.

4. Versteckspielen

Wird zu einem ausgelassenen Spiel mitten im Wald oder Park. Die eingefahrene Routine ist nicht nur für das Tier langweilig. Lassen Sie Ihren Hund laufen und suchen Sie sich ein Versteck, wenn er es nicht sehen kann. Als Steigerung der Schwierigkeit sind Sie nicht allein mit dem Hund zum Spazierengehen unterwegs. Kinder oder Partner dienen gut als Ablenkung, wenn Sie sich verstecken. Wenn Kinder dabei sind, kennt der Hund diese mit dem Namen. Lassen Sie sich oder die Kinder suchen! Die ausgelassene Freude, wenn Sie entdeckt werden, tut auch Ihnen gut.

Örtlichkeit: in der Wohnung und im Freien

Zielsetzung: Ausdauer, Spaß, Spürnase und Koordination, Bindungsfestigung

Differenzierung: einfaches Spiel

Was wird benötigt: Leckerli oder Trockenfutterbrocken

Ablauf:

1. Das Spiel beginnt völlig zwanglos beim Spazierengehen im Wald.

2. Sobald Sie ein geeignetes Versteck sehen, lassen Sie sich etwas zurückfallen.

3. Der Hund wird Sie vermissen und sofort nach Ihnen suchen.

4. Kleine Hilfestellungen wie Winken mit der Hand sind anfangs erlaubt.

5. Die Wiedersehensfreude bei Ihnen beiden hält auch beim 2.Versuch noch an.

6. Ein Leckerli für die erfolgreiche Suche darf es dann auch sein.

5. Slalom

Einfach um verschiedene Fundstücke herum zu laufen, funktioniert sicher nicht auf Anhieb. Dafür sind noch etliche Spaziergänge notwendig. Sie beginnen einfach mit dem ersten Hindernis und probieren aus, ob sich der Hund darauf einlässt. Zeigen Sie ihm einmal mit der Hand den Weg und fordern ihn dann auf, so herum zu laufen. Die Belohnung ist sofort fällig, wenn er das geschafft hat. Gleich ein zweites Mal die gleiche Route um den Gegenstand herum anhängen. Die Hilfestellung mit dem Handzeichen wird dabei immer geringer.

Örtlichkeit: in der Wohnung und im Freien

Zielsetzung: Ausdauer, Lösung und Koordination

Differenzierung: einfaches Spiel

Was wird benötigt: Leckerli oder Trockenfutterbrocken, Gegenstände wie Stöcke oder Steine, in der Wohnung kann es jeder Gegenstand sein

Ablauf:

1. Es beginnt mit »Sitz« und der Hund wartet auf den nächsten Befehl.

2. Sie bauen die Strecke mit den Hilfsmitteln, die Sie finden.

3. Zeigen Sie Ihrem Hund, wie Sie um die Gegenstände herumlaufen.

4. Mit Kommando »Komm« fordern Sie ihn auf, es ebenfalls zu tun.

5. Mit Handzeichen führen Sie ihn einmal um einen Gegenstand herum.

6. Steigern Sie, indem Sie auch den 2. und 3. Gegenstand umrunden.

7. Beenden Sie die Runde jeweils mit dem Kommando »Sitz«

8. Belohnen Sie die erfolgreiche Runde mit Streicheln und einem Leckerli.

6. Fang mich!

Fangen ist das Spiel, welches alle Hunde so sehr lieben. Der gesamte Körper des Tieres ist in Bereitschaft. Die Wahrnehmung mit allen Sinnen wird trainiert. Anschleichen und Verfolgen dienen zur Übung der Körperbeherrschung. Die Hunde trainieren im Spiel ihre Reaktionsfähigkeit. Bitte achten Sie stets darauf, dass keine Überforderung hervorgerufen wird. Sorgen Sie dafür, dass das ausgelassene Spiel bitte für ältere und ganz junge Hunde nicht zu lange andauert.

Örtlichkeit: in der Wohnung und im Freien

Zielsetzung: Ausdauer, Spaß und Koordination, Festigung der Bindung

Differenzierung: einfaches Spiel

Was wird benötigt: Leckerli oder Trockenfutterbrocken

Ablauf:

1. Es beginnt mit »Sitz« und der Hund erwartet eine weitere Anweisung.

2. Sie gehen schnell ein paar Schritte zurück und sofort auf den Hund zu, um ihn zu fangen!

3. Er wird schnell wissen, was Sie vorhaben.

4. Sie können sich spontan auf die Reaktionen des Hundes einlassen.

5. Sie belohnen ihn anschließend mit einem Leckerli.

7. Apportieren

Mit Gegenständen wie Stöckchen, Lieblingsball oder Knotenseil gilt es als eines der beliebtesten Spiele mit Hunden. Dieses Spiel ist als Bestandteil der Hundeerziehung unerlässlich geworden. Apportieren bringt für den Hund eine körperliche Auslastung. Sie wirkt sich auch mental aus. Die unbedingt notwendigen Kommandos wie »Sitz« und »Platz« sind wichtig dabei, wenn der Hund besonders gern herumtollt und lange laufen mag. Jede Art der Abwechslung ist ihm willkommen und daher sind beim spielerischen Apportieren wechselnde Gegenstände sinnvoll.

Örtlichkeit: in der Wohnung und im Freien

Zielsetzung: Ausdauer, Gehorsam, Abwechslung, Festigung der Bindung, Spaß und Koordination

Differenzierung: einfaches Spiel

Was wird benötigt: Leckerli oder Trockenfutterbrocken

Ablauf:

1. Es beginnt mit »Sitz« und der Hund wartet ohne Leine auf das nächste Kommando.

2. Sie zeigen dem Hund den Gegenstand.

3. Mit Kommando »Bleib« muss er in seiner Position abwarten.

4. Sie gehen 3 bis 4 Meter weiter und werfen den Gegenstand weit fort.

5. Mit Kommando »Bring« muss er Ihnen den Gegenstand holen und vor die Füße legen.

8. Spazierengehen mit Abwechslung

Aufmerksamkeit wachhalten und schulen gehören beim Spiel mit dazu. Spazierengehen ist die beste Gelegenheit dazu, vielseitig und abwechslungsreich mit dem Hund zu spielen. Beginnen Sie mit einer einfachen Steigerung des Tempos und gehen Sie in den Slalomlauf über. Auf dem Weg finden sich immer kleine Gelegenheiten, um die man herumlaufen kann. Das kann ein Holzstumpf sein oder im Park ein Stein.

Örtlichkeit: im Freien

Zielsetzung: Ausdauer, Aufmerksamkeit, Bindung und Koordination

Differenzierung: einfaches Spiel

Was wird benötigt: Leckerli oder Trockenfutterbrocken

Ablauf:

1. Es beginnt mit keinem Kommando.

2. Aus dem Gang heraus steigern Sie das Tempo bis zum Laufen.

3. Fallen Sie zurück in ein langsames Tempo und der Hund wird es Ihnen gleichtun.

4. Steigern Sie die Aufmerksamkeit, indem Sie auf einen Stein steigen.

5. Fordern Sie den Hund auf, es Ihnen gleichzutun.

6. Nutzen Sie Handzeichen, um ihn dahin zu führen.

7. Ist die »Anhöhe« zu klein für die 4 Pfoten, genügen die Vorderpfoten darauf.

8. Belohnen Sie die ausgeführten Leistungen.

9. Zerren im Spiel

Zerren an dem Knotenstrick lässt sich beim Gassigehen mit einbauen. Gerade, wenn der Weg dafür nicht durch Wald und Flur gehen kann. Sie wissen am besten, ob die Strecke langweilig für Ihren Hund ist. In so einem Fall hilft das mitgebrachte Spielzeug zur Beschäftigung auch. Das gilt insbesondere, wenn der Leinenzwang keine gute Auslaufmöglichkeit bietet. Die überschüssige Energie lässt sich gerade bei Zerrspielen gut abbauen. Hunderassen, die als Jagdhund beim Treiben oder als Hütehund gut geeignet und vorzugsweise eingesetzt sind, brauchen so einen Ausgleich. Das kräftige Zerren fördert den Muskelaufbau des Hundes. Es entspricht dem Wesen der Hunde, die jagen und hüten. Beute greifen und festhalten, das ist ihr Ziel. Voraussetzung für Zerrspiele ist das absolute Vertrauen zwischen beiden. Die klare Abgrenzung, dass die Kommandos von Frauchen oder Herrchen Priorität haben, muss da sein.

Örtlichkeit: in der Wohnung und im Freien

Zielsetzung: Ausdauer, Kraft und Muskelaufbau, Impulskontrolle

Differenzierung: einfaches Spiel

Was wird benötigt: Leckerli oder Trockenfutterbrocken, ein Strick

Ablauf:

1. Es beginnt mit »Sitz« und der Hund wartet auf weitere Befehle.

2. Sie zeigen ihm den Knotenstrick oder eben das geeignete Teil für das Zerren.

3. Beide fassen das Teil und Sie halten nur dagegen. Das Zerren macht der Hund.

4. Als Variante kann auch der Knotenstrick befestigt werden und der Hund zerrt dann so daran.

5. Sie als verantwortungsvoller Hundehalter beobachten genau, wie sich der Hund verhält. Das Zerren dient nicht der Steigerung von aggressivem Verhalten!

6. Werden die Pupillen größer und kommen dunkle Töne dazu, brechen Sie mit Kommando »Aus« sofort ab.

7. Erhöhte Erregungszustände sind nicht das Ziel und der Hund braucht Ruhepausen.

8. Als Belohnung gewinnt der Hund! Er darf mit seiner Beute noch promenieren!

Notizen:

10. Angeleinsatz

Jagdinstinkt im Spiel einsetzen und den Hund damit nicht gegen seine Natur erziehen, so ist das Spiel mit dem Stock als Angel. Die Hetzjagd wäre genau das Metier, indem sich ein Hund mit Jagdinstinkt richtig fühlen könnte. Mit dem Einsatz so einer Jagd Angel wird eine Jagd imitiert. Dafür nehmen Sie einen größeren Stock oder eine Gerte, die Sie im Wald finden. Alternativ haben Sie eine 2 m lange Gerte extra angeschafft. Die »Beute« wird vorn an der Gerte befestigt. Damit jagen Sie mit Ihrem Hund los. Entweder lassen ihn um Sie herumlaufen oder eine Strecke zusammen in den Wald. Er lernt dabei, dass die Jagd nicht immer erlaubt ist und dass er für das Spiel mit den entsprechenden Kommandos die Erlaubnis erhält.

Örtlichkeit: in der Wohnung und im Freien

Zielsetzung: Ausdauer, Impulstraining und Koordination

Differenzierung: einfaches Spiel bis mittelschwer

Was wird benötigt: Leckerli oder Trockenfutterbrocken, eine lange Gerte und eine Befestigung der »Beute« an der Rute. Ein Stück Hasenfell als Beutestück.

Tipp 1:

Der Hund muss gesund sein! Es ist sehr anstrengend und auch für Welpen noch nicht geeignet. Deren Knochenbau und Muskelstruktur ist noch nicht stabil genug.

Tipp 2:

Eine Longier Peitsche aus dem Fachgeschäft für Pferdesport wäre eine haltbare Angel.

Ablauf:

1. Lassen Sie den Hund zu Beginn ein paar animierende Bewegungen mit der Gerte über den Boden sehen.

2. Achten Sie darauf, dass die Richtung immer vom Hund weggeht.

3. Will der Hund die »Beute« näher in Augenschein nehmen, ziehen Sie mit einem Ruck die Angel zurück.

4. Will Ihr Hund sofort nach der Beute schnappen und läuft hinterher, soll er auch gewinnen.

5. Mit Kommando »Bring« lassen Sie sich den Dummy an der Angel bringen.

6. Leg ab« folgt als nächstes Kommando.

7. Belohnen Sie Ihren Hund für den Fang.

„Mit einem kurzen Schweifwedeln kann ein Hund mehr Gefühl ausdrücken als mancher Mensch mit stundenlangem Gerede.“

- Louis Armstrong -

„Sei meines Hundes Freund, und du bist auch der meine.“

- Indianische Weisheit -

Spiele mit großen und schweren Hunden

Hunde, die groß und schwer sind, neigen schnell zur Behäbigkeit. Sie liegen gern auf der Couch und lassen dabei wenig »Platz« für Herrchen und Frauchen. Eben diese Bequemlichkeit macht es eigentlich noch leichter für den Hund.

Notizen:

1. Joggen

Um den bequemen Hund aus der Reserve zu locken, eignet sich das Joggen mit dem Hund hervorragend. Wichtig ist dabei wieder, dass Sie keine Überforderung zulassen. Es geht dabei um den erwachsenen und gesunden Hund. Der kann gemeinsam mit Ihnen gut eine halbe Stunde lang joggen. Sind Sie selbst sportlich veranlagt, dann fällt es Ihnen jedenfalls leicht. Der Zusammenhalt zwischen Mensch und Hund wird gefördert. Die gemeinsame Leistung zeigt dem Tier an, dass Sie mithalten können und nicht jagen. Die halbe Stunde ist ein Richtwert und die Kondition von Mensch und Hund ist ausschlaggebend. Es bringt beiden Auslastung, Spaß und vor allem bessere Bindung. Medizinische Erkenntnisse zum Joggen beim Hund haben eine Ausschüttung von Hormonen nachgewiesen. Diese beruhigen den Hund. Je nach Gelände ist eine spezielle Joggingleine zu empfehlen.

Örtlichkeit: im Freien

Zielsetzung: Ausdauer, Koordination, Spaß, Auspowern, Bindungsstärkung

Differenzierung: einfaches Spiel

Was wird benötigt: Leckerli oder Trockenfutterbrocken, Joggingleine

Ablauf:

1. Beginn ist völlig zwanglos beim Spazierengehen.

2. Laufen Sie locker los:

3. Der Hund läuft an der Leine voraus.

4. Keine Kommandos, bis auf die, die notwendig werden können.

2. CaniCross

Ebenso speziell ist die Form des Joggings mit Hund oder Hunden als Wettkampfversion. Die Bezeichnung ist CaniCross. Hunde ziehen den Menschen mit. Dabei handelt es sich um einen Geländelauf. Der Mensch kann mit 1 oder 2 Hunden laufen und hat eine flexible Leine mit Ruckdämpfer. Die Leine ist an einem Hüftgürtel und das Geschirr für die Hunde ist wie bei den Schlittenhunden ausgeführt.

Örtlichkeit: im Freien

Zielsetzung: Ausdauer, Koordination, Spaß, Auspowern, Bindungsstärkung

Differenzierung: einfaches Spiel bis mittelschwer

Was wird benötigt: Leckerli oder Trockenfutterbrocken, flexible Leine mit Ruckdämpfer

Anatomischer Hinweis:

Das Schlüsselbein bei den Hunden ist nicht verknöchert. Der Schultergürtel ist dadurch sehr beweglich. Muskeln und Sehnen machen den Bereich sehr flexibel. Aus diesem Grund fällt ihnen der Lauf über viele Bodenunebenheiten nicht viel aus. Allerdings ist Straßenbelag wie Asphalt sehr hart und das federt dieser Schultergürtel nicht gut ab. Achten Sie darauf, dass Ihr Hund nicht die großen Sprünge auf der Straße macht. Dies gilt auch für den Sprung aus dem Kofferraum. Da Joggen bei Herrchen und Frauchen ein beliebter Ausgleichssport ist, denken viele daran, dies mit dem Hund zu absolvieren. Dem wird es aber ebenso ergehen, wie den meisten Ausdauersportlern. Die Strecken müssen immer länger werden, um die Glückshormone auszuschütten. Eine große Portion Suchtgefahr liegt darin. Auch wenn Sie mit dem Fahrrad fahren oder joggen, der Hund hat kürzere Beine und daher wird es für ihn auch sehr anstrengend.

Ablauf:

1. Beginn ist völlig zwanglos beim Spazierengehen.

2. Legen Sie die Ausrüstung an!

3. Leinen Sie den Hund oder die Hunde an!

4. Laufen Sie locker los!

5. Der Hund läuft an der Leine voraus.

6. Keine Kommandos, bis auf die, die notwendig werden können.

„Egal wie wenig Geld und Besitz du hast,
einen Hund zu haben
macht dich Reich."

- Louis Sabin -

„Man kann in Hunde nichts hinein prügeln,
aber man kann erstaunlich viel
aus ihnen heraus streicheln."

- Astrid Lindgren -

3. Tanzen

Hundehalter mit Anspruch an Ästhetik geben als Beschäftigung für ihren Hund das Tanzen bzw. Dogdancing eine Chance. Es verläuft dem Naturell des großen und schweren Hundes entsprechend auch langsamer ab und sieht gut aus. Musik hat eine unglaubliche Wirkung auf Hunde. Sie haben eben auch ihre speziellen Vorlieben. Küren Sie Ihre Tanzbewegungen gemeinsam mit Ihrem Hund und geben sich ganz dem Rhythmus hin.

Örtlichkeit: in der Wohnung und im Freien

Zielsetzung: Ausdauer und Koordination

Differenzierung: einfaches Spiel

Was wird benötigt: Leckerli

Ablauf:

1. Das Tanzen beginnt mit dem Kommando »Sitz« und der Hund wartet.

2. Sie spielen Musiktitel, die sie beide mögen, ab.

3. Alle Tanzbewegungen absolvieren Sie im Freestyle.

„Tierschutz ist Erziehung zur Menschlichkeit."

- Albert Schweitzer -

4. Tanzen mit Obedienz

Die Bewegung können Sie aber auch Ihrem Hund überlassen, wenn Sie Obedienz spielerisch in die Erziehung des Tieres einbauen. Harmonie zwischen Hund und Mensch ist das Ziel in allen Bewegungsabläufen. Voraussetzung ist allerdings das Kennenlernen und Üben der nötigen Kommandos dafür. Gehorsam ist zu erlernen und dann sind mittels Handzeichen und entsprechenden Kommandos die exakten Ausführungen von Bewegungsabläufen durchzuführen. Der kreativen Ader Ihres Hundes und der Ihren ist völlig frei Bahn gegeben. Drehungen, Laufen nach vorn und zurück, kleiner Hopser und Slalombewegungen gehören ebenso dazu. Beispielsweise, wenn beide bei Fuß gehen und aus dieser Bewegung heraus eine Drehung um 90 Grad ausführen. Das gepaart mit Apportieren wird Ihnen und dem Hund Spaß bringen.

Örtlichkeit: in der Wohnung und im Freien

Zielsetzung: Ausdauer, Gehorsam und Koordination

Differenzierung: einfaches Spiel

Was wird benötigt: Leckerli oder Trockenfutterbrocken

Ablauf:

1. Das Tanzen beginnt mit dem Kommando »Sitz« und der Hund wartet.

2. Sie spielen Musiktitel, die sie beide mögen, ab.

3. Alle Tanzbewegungen absolvieren Sie im Freestyle.

4. Die volle Harmonie erreichen Sie, wenn Sie die Drehungen und anderen Figuren mit den Handzeichen dafür zuvor einstudiert haben.

5. Für eine Drehung im Takt der Musik geben Sie mit der Handbewegung vor, dass der Hund sich drehen soll.

6. Genauso verfahren Sie, wenn sich Ihr Hund auf dem Boden liegend rollen soll.

7. Diese Mischung mit Obedienz und Tanzbewegungen ist als Spiel in voller Harmonie möglich.

5. Musik auf die Ohren

Musik hören wird zu einem gemeinsamen Beschäftigungsablauf. Studien zufolge sind Hunde sehr positiv gegenüber Musik eingestellt. Sie entwickeln geradezu Vorlieben für Klassik oder Pop. Die Forscher der Uni Glasgow hatten anhand EKG und Puls die Reaktionen auf die Musik gemessen. Der Stresspegel sinkt, wenn es die richtige Musik ist. Finden Sie heraus, welche Musik Ihr Hund liebt. Machen Sie daraus ein Spiel, indem er die Kopfhörer bringt und von allein bei Ihnen ablegt. Legen Sie sich bequem hin, setzen beide Kopfhörer auf, weil jeder eine andere Lautstärke mögen wird. Nun vergessen Sie nicht, entsprechende Bewegungen zum Takt mit einzubauen. Es hat sich bei den Studien herausgestellt, dass Softrock und Reggae die Favoriten sind. Sie haben also noch viel vor!

Örtlichkeit: in der Wohnung und im Freien

Zielsetzung: Ausdauer, Spaß, Festigung der Bindung

Differenzierung: einfaches Spiel

Was wird benötigt: Musik, Kopfhörer, Abspieltechnik zum Beispiel Handy

Ablauf:

1. Es beginnt mit »Sitz« und der Hund wartet auf Ihre Aktivität.

2. Beginnen Sie damit, herauszufinden, was der Hund gern hört.

3. Wissen Sie bereits, welche Art Musik der Hund gern hört, dann wählen Sie entsprechend aus.

4. Legen Sie dem Hund die Kopfhörer an und sich selbst auch.

5. Liegend genießen Sie gemeinsam die Lieblingsmusik.

6. Auch während der Autofahrt hört Ihr Hund sicher gerne Musik.

Spiele mit kleinen Hunden

Hundespiele für die kleinen Hunde unterscheiden sich nur unwesentlich von denen, die mit großen Hunden gespielt werden. Allerdings sind in diesem Fall die extrem kurzen Beine ein wichtiger Faktor.

„Ganz egal, wieviel Zeit wir
mit unseren Hunden haben,
es wird nie genug sein.“

- Unbekannt -

1. Spaziergänge mit Spielzeugeinsatz

Spazierengehen mit kleinen Hunden und dabei Spiel mit einbauen, ist von der Rasse abhängig. Ein Terrier ist ein kleiner Hund. In seinem Verhalten zeigt er sich aber als ein ganz Großer. Die Spielbälle müssen der Körpergröße entsprechend angeschafft werden. Die speziellen Bälle für das Hundespiel sind sehr gut geeignet. Wählen Sie ein Ball, der viele Einkerbungen und Zacken hat. Hier vereinen sich 2 Vorteile. Beim Beißen und Herumkauen darauf, werden die Zähne gleich mitgepflegt.

Örtlichkeit: im Freien

Zielsetzung: Ausdauer, Spaß, Gesundheitspflege und Koordination

Differenzierung: einfaches Spiel

Was wird benötigt: Leckerli oder Trockenfutterbrocken, Ball oder mehrere Bälle

Ablauf:

1. Beim Spaziergang beginnt es mit »Sitz« und der Hund wartet auf weitere Anweisungen.

2. Sie zeigen dem Hund den Ball.

3. Lösen Sie die Leine vom Geschirr des Hundes!

4. Werfen Sie den Ball weit von sich!

5. Mit dem Kommando »Bring« holt der Hund den Ball.

6. Es folgt dann »Leg ab« und er legt den Ball bei Ihnen ab.

2. Strecke

Strecken laufen und dabei kleine Hindernisse überwinden, ideal zum Austoben.

Örtlichkeit: im Freien

Zielsetzung: Ausdauer, Spaß, Geschicklichkeit und Koordination

Differenzierung: einfaches Spiel

Was wird benötigt: Leckerli oder Trockenfutterbrocken

Ablauf:

1. Beim Spaziergang steigern Sie das Tempo bis zum Lauf.

2. Mit dem Kommando »Sitz« erwartet der Hund ein spannendes Spiel.

3. Sie haben ein kleines Hindernis entdeckt und wollen es nutzen.

4. Sie führen den Hopser oder Sprung darüber einmal vor.

5. Mit dem Kommando »Los« soll er den Sprung ebenfalls ausführen.

6. Sie geben mit Handzeichen die Richtung dabei vor.

7. Gegebenenfalls nutzen Sie das Hindernis für weitere Sprünge.

8. Belohnung gibt es als Streicheleinheit und Leckerli für erfolgreiche Ausführung.

3. Suche und Schnüffeln

Nutzen Sie den Suchtrieb aus und lassen Sie Ihren Hund im Unterholz schnüffeln und durch aufgebaute Hindernisse kriechen. Ein Leckerli als Belohnung müssen Sie allerdings am Ende des Naturparcours platzieren.

Örtlichkeit: in der Wohnung und im Freien

Zielsetzung: Ausdauer, Spaß, Nasenarbeit und Koordination

Differenzierung: einfaches Spiel

Was wird benötigt: Leckerli oder Trockenfutterbrocken

Ablauf:

1. Beim Spazierengehen nutzen Sie vorhandene Gelegenheiten für so ein Suchspiel.

2. Mit Ihrem Kommando »Sitz« erwartet Ihr Hund noch weitere Anweisungen.

3. Sie legen die Strecke mit Ästen und Zweigen etc. an.

4. Legen Sie das Leckerli an das Ende des Hindernisses.

5. Mit dem Kommando »Such« soll er das Leckerli hinter dem Hindernis suchen und erschnüffeln.

6. Mit Kommando »Bring« nimmt er es und bringt es zu Ihnen.

7. Es folgt Kommando »Platz« und er muss sich hinlegen.

8. Nach dem Kommando »Leg ab« muss er es vor Ihre Füße legen.

9. Sie belohnen ihn anschließend damit.

4. Bringe Dienst

Der eingeübte Telefon Bringe Dienst erweist sich schnell als ein nützliches Spiel. Kleine Hunde können sehr wohl ein Handy oder einen anderen kleinen Gegenstand holen und am bestimmten Ort ablegen. Die Übung ist für Menschen mit Behinderung eine sehr wertvolle Zugabe. Voraussetzung ist natürlich ein erreichbares Telefon. Je nach Größe des Hundes muss der Standort des Telefons niedrig genug sein. Benennen Sie für das Spiel Ihr Telefon eindeutig. Beginnen Sie in einem Raum, wo sich gemeinsam mit dem Hund aufhalten. Steigern Sie im Erfolgsfall die Situation, indem Sie in einen anderen Raum gehen und er soll das Telefon bringen. Als Vorschlag dazu ist das Erschnüffeln vom Telefon sinnvoll. Sie können es in einen Plastikbeutel legen. Lassen Sie den Hund das Telefon riechen. Sobald das Kommando „Sitz« für ihn gegeben wurde, können Sie das auch mit anderen Gegenständen einsetzen.

Örtlichkeit: in der Wohnung und im Freien

Zielsetzung: Ausdauer und Koordination

Differenzierung: einfaches Spiel

Was wird benötigt: Leckerli oder Trockenfutterbrocken, erreichbare kleine Gegenstände

Ablauf:

1. Es beginnt mit dem Befehl »Sitz« und der Hund wartet auf die kommende Anweisung.

2. Sie zeigen dem Hund das Telefon in dem Beutel.

3. Er erschnüffelt den Geruch.

4. Sie legen das Telefon unter ein Kissen oder eine Decke.

5. Mit Kommando »Hol« soll er es erschnüffeln.

6. Hat er es gefunden, soll er es nach Kommando „Bring« zu Ihnen bringen.

7. Es folgt Kommando »Platz« und er muss sich hinlegen.

8. Nach dem Kommando »Leg ab« muss er es vor Ihre Füße legen.

9. Sie belohnen ihn anschließend mit Leckerli und Streicheln.

„Es gibt in der Geschichte mehr Beispiele für die Treue von Hunden als für die von Freunden."

- Alexander Pope -

„Seit einst die Treue aus der Welt verloren,
hat sie zum Sitz des Hundes Herz erkoren.."

- Bernhard Kellermann -

Notizen:

5. Jacke ausziehen!

Ausziehen der Jacke hört sich sehr schwer an. Dieses als Spiel zu integrieren, ist eine Herausforderung an die Geduld von Hund und Halter. Dazu müssen Sie weiter keine Vorbereitungen treffen. Nehmen Sie zuerst eine möglichst alte Jacke und ziehen sich die an. Einen Ärmel lassen länger, um damit Ihren Hund zu animieren. Er wird daran zerren und Sie müssen sich nur ein wenig drehen, damit die Jacke herunterfallen kann. Belohnungen sind jedoch nach jedem geglückten Schritt fällig.

Örtlichkeit: in der Wohnung und im Freien

Zielsetzung: Ausdauer und Koordination

Differenzierung: einfaches Spiel

Was wird benötigt: Leckerli oder Trockenfutterbrocken, eine alte Jacke

Ablauf:

1. Es beginnt mit »Sitz« und der Hund wartet.

2. Sie zeigen dem Hund die Jacke und ziehen die dann an.

3. Einen Ärmel lang herunterhängen lassen und nicht verschließen bitte.

4. Wedeln Sie mit dem Ärmel herum und animieren Sie den Hund zuzupacken.

5. Den angepackten Ärmel lassen Sie heruntergleiten.

6. Die Jacke lassen Sie bei einer Drehung dann fallen.

7. Es folgt Kommando »Platz« und er muss sich hinlegen.

8. Nach dem Kommando »Leg ab« muss er die Jacke loslassen.

9. Sie belohnen ihn anschließend mit Streicheleinheiten und einem Leckerli.

Spiele für Anfänger unter den Hundehaltern

Anfänger unter den Hundehaltern suchen nach Spielen, die sie mit ihren Hunden einfach ausüben können. Zur Klärung von Verhaltensweisen sind ein paar Grundkenntnisse wichtig. Das gemeinsame Spiel zwischen Mensch und Hund fördert die Bindung auf extreme Weise. Für das soziale Verhalten ist Spielen unbedingt erforderlich.

Dazu gehört eine Erklärung darüber, was z. B. ein ausgelassenes Spiel ist. In dieser Form können viele Varianten wie laufen, toben, hetzen oder jagen formlos in einander übergehen. Es gibt keine Kommandos, die eine Sache beenden. Die Vierbeiner zeigen ihre Lust zum Spielen mit einer Körperhaltung an. Sie senken den Vorderkörper und ziehen ein wenig zurück. Den Kopf senken sie zwischen den Vorderpfoten herunter. Auffällig hoch ist das Hinterteil gestreckt. Diese Position ist nicht misszuverstehen. Man weiß einfach, was der Hund will.

Sehr eindeutig ist der Wunsch zu spielen, wenn der Hund sein Spielergesicht aufsetzt. Er zeigt mit dem geöffneten Maul seine ganzen Zähne. Zusätzlich zieht das Tier die Nase kraus und sieht sein Gegenüber nicht direkt an.

Damit Sie als Anfänger bei der Auswahl der möglichen Spiele Anhaltspunkte haben, kommt ein kleiner Hinweis dazu.

Hinweise:

1. Sie finden das richtige Spiel, wenn Sie als erstes die rassetypischen Merkmale in Betracht ziehen. Ein Hütehund spielt sicher anders als ein Jagdhund.

2. Berücksichtigen Sie immer Alter und vorangegangene Haltung. War der Hund lange in einem Käfig gehalten und nur zum Spazierengehen kurzzeitig beschäftigt, hat er seinen Freiheitsdrang sicher noch nicht vergessen.

3. Wesenszüge prägen das typische Verhalten. Ein ängstlicher Hund ist nicht für jedes Spiel zu begeistern. Ein Draufgänger wird Sie in Trab halten.

Wesenszüge sind im Spiel gut zu integrieren

Der draufgängerische Hund wird lernen müssen, dass Sie als Mensch nun nicht gerade der Raufpartner sein können. Diese individuellen Wesenszüge müssen auch zu Ihnen und Ihrem Umfeld passen. Sein Charakter ist so individuell und die optimale Beschäftigung im Spiel muss berücksichtigt werden. Körperkontakt beim Spielen ist nicht angesagt. Ein eher unsicherer Hund braucht Hilfe zur Stärkung seines Selbstbewusstseins.

Erfolgserlebnisse bei einer freien Suche nach versteckten Futterstücken oder Leckerlis im Gelände bringen ihn voran. Haben Sie einen Hund mit selbstständiger Ausrichtung, können Sie gut die kreativen Aufgaben einbinden. Er muss lernen, dass der Mensch seine Hilfe ist und dass er ihn braucht. Das kann bei den Spielen gut mit einarbeitet werden. Wenn für ihn unerreichbar versteckte Objekte nur mit der Hilfe des Menschen zu bekommen sind.

Damit es am Anfang nicht so schwer wird, sind hier ein paar Beispiele, die weder den Hund noch das Frauchen oder Herrchen überfordern. Immer vorausgesetzt, dass die grundlegenden Befehle bereits geübt wurden, kann das Spiel eingesetzt werden.

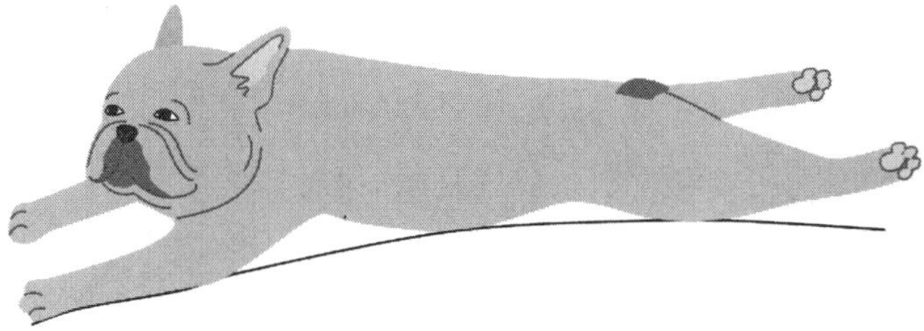

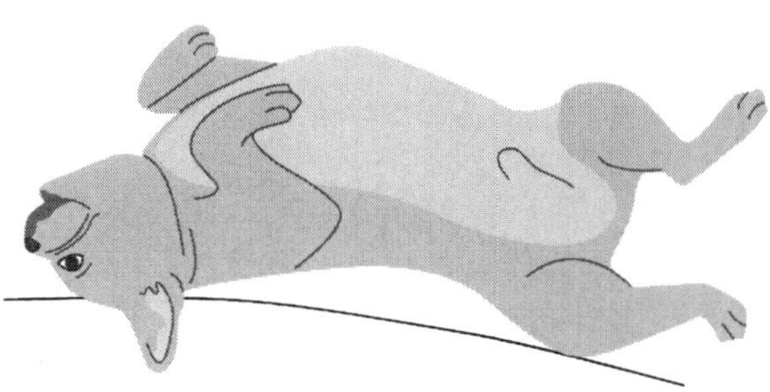

1. Hinlegen!

Konzentration und volle Aufmerksamkeit wird geübt, wenn dieses Spiel eingesetzt wird. Einfach hinlegen heißt es. Sie bringen Ihrem Hund bei, dass er liegen bleiben muss, wenn Sie sich entfernen. Dazu nutzen Sie einen Spaziergang bei schönem Wetter. Kleine Empfehlung wäre, bei Regen und Matsch möchten Sie sicher nicht, dass Ihr Hund sich hinlegt und auf Sie wartet. Zwischendurch an einer geeigneten Stelle fordern Sie den Hund mit »Platz« auf, sich zu legen. Mit Bleib soll er liegen bleiben und Sie gehen 1 – 2 Schritte weiter. Belohnen, wenn es funktioniert hat! Die Entfernung legen Sie nach und nach weiter fest. Bringen Sie ihm langsam bei, dass er erst nach Ihrem Kommando aufsteht. Das kann »Komm!« o. Ä. sein. Legen Sie das fest. Sie können das Spiel weiter ausbauen, indem Sie Entfernung, Bewegungsablauf oder auch Verstecken mit einbauen.

Örtlichkeit: in der Wohnung und im Freien

Zielsetzung: Ausdauer und Koordination

Differenzierung: einfaches Spiel

Was wird benötigt: Leckerli oder Trockenfutterbrocken, eine alte Jacke

Ablauf:

1. Es beginnt mit »Sitz« und der Hund wartet auf die nächsten Befehle.

2. Es folgt Kommando »Platz« und er muss sich hinlegen.

3. Nach dem Kommando »Leg ab« muss er es vor Ihre Füße legen.

4. Sie belohnen ihn anschließend damit.

2. Kissen Spiel

Hundekissen eignen sich ebenfalls als Objekt zum Spielen. Mit dem Kommando »Hol dein Kissen« bringen Sie Ihrem Hund bei, dass er sein Kissen holt, um sich darauf hinzulegen. Das Kissen braucht wieder eine genaue Bezeichnung. Benennen Sie das Kissen eindeutig, damit er lernt, welches gemeint ist. Zeigen Sie in einzelnen Schritten genau, wie er das Kissen nehmen soll. Weiter, dass er es in der Schnauze halten muss, um es zu transportieren. Bitte immer jeden Schritt belohnen bei Erfolg! So machen Sie weiter, bis er verstanden hat, wie Sie das gemeint haben.

Örtlichkeit: in der Wohnung und im Freien

Zielsetzung: Ausdauer und Koordination

Differenzierung: einfaches Spiel

Was wird benötigt: Leckerli oder Trockenfutterbrocken

Ablauf:

1. Es beginnt mit »Sitz« und der Hund wartet auf das nächste Kommando.

2. Sie zeigen dem Hund das Kissen.

3. Zur Probe darf es einmal mit der Schnauze packen und mit Kommando »Aus« legt es Ihnen vor die Füße

4. Das Kissen bekommt einen Platz, den Sie zuvor ausgesucht haben.

5. Mit Kommando »Bring« nimmt er es und bringt es zu Ihnen.

6. Es folgt Kommando »Platz« und er muss sich hinlegen.

7. Nach dem Kommando »Leg ab« muss er es vor Ihre Füße legen.

9. Sie belohnen ihn anschließend mit dem Leckerli oder Trockenfutterbrocken.

3. Freies Spiel

So ein freies Spiel ohne jedes Kommando gehört bald zu den Lieblingsspielen. Genau, einfach toben und laufen ohne Beschränkungen. Das Ziel ist, eine stärkere Bindung zum Hund aufzubauen. Kennenlernen und die Freude nur genießen.

Örtlichkeit: in der Wohnung und im Freien

Zielsetzung: Ausdauer und Koordination

Differenzierung: einfaches Spiel

Was wird benötigt: Leckerli oder Trockenfutterbrocken

Ablauf:

1. Zu Beginn erfolgt das Kommando »Sitz« und der Hund wartet auf den nächsten Befehl.

2. Zum freien Spiel ist jede Art von Bewegung erlaubt.

3. Entsprechend der Örtlichkeit können Sie mit jedem Spielzeug Ihren Hund beschäftigen.

4. Ausgelassenes Toben ist für ein eigenes Haus noch zulässig. In einer Mietwohnung müssen Sie sich auf eine leisere Beschäftigung einrichten.

5. Das ausgewählte Spielzeug nutzen Sie ausgiebig.

6. Sie belohnen ihn anschließend.

3. Freies Spiel

So ein freies Spiel ohne jedes Kommando gehört bald zu den Lieblingsspielen. Genau, einfach toben und laufen ohne Beschränkungen. Das Ziel ist, eine stärkere Bindung zum Hund aufzubauen. Kennenlernen und die Freude nur genießen.

Örtlichkeit: in der Wohnung und im Freien

Zielsetzung: Ausdauer und Koordination

Differenzierung: einfaches Spiel

Was wird benötigt: Leckerli oder Trockenfutterbrocken

Ablauf:

1. Zu Beginn erfolgt das Kommando »Sitz« und der Hund wartet auf den nächsten Befehl.

2. Zum freien Spiel ist jede Art von Bewegung erlaubt.

3. Entsprechend der Örtlichkeit können Sie mit jedem Spielzeug Ihren Hund beschäftigen.

4. Ausgelassenes Toben ist für ein eigenes Haus noch zulässig. In einer Mietwohnung müssen Sie sich auf eine leisere Beschäftigung einrichten.

5. Das ausgewählte Spielzeug nutzen Sie ausgiebig.

6. Sie belohnen ihn anschließend.

4. Freies Spiel 2.0

Steigerung des freien Spiels mit der Kontrolle von Impulsen. Sie spielen einfach im Freien mit Ihrem Hund. Das unterbrechen Sie aber kurz und bieten dem Tier eine Verschnaufpause mit dem Kommando „Platz«. Vielleicht brauchen Sie auch gerade eine kurze Unterbrechung. Dann kann es sofort weitergehen, nachdem Sie die Kontrolle hatten. Dann kann wieder den Hund toben. Grenzen setzen ist das Ziel.

Örtlichkeit: in der Wohnung und im Freien

Zielsetzung: Ausdauer und Koordination

Differenzierung: einfaches Spiel

Was wird benötigt: Leckerli oder Trockenfutterbrocken, Spielzeug

Ablauf:

1. Es beginnt mit »Sitz« und der Hund wartet bis zum nächsten Befehl.

2. Sie nehmen z. B. ein Spielzeug und werfen es hoch, damit der Hund es fängt.

3. So beginnen Sie ein freies und ausgelassenes Toben für den Hund.

4. Mit den Befehlen »Bring« oder »Hol« Z. B. bringen Sie zwischendurch wieder Ordnung in den Ablauf.

5. Der Hund muss jeweils erneut koordinieren zwischen Spiel und Kommandos.

6. Zum Beenden nach max. 10 Minuten legen Sie einen ruhigeren Gang ein.

7. Es folgt Kommando »Platz« und er muss sich hinlegen.

8. Die Ruhepause ist notwendig und eine Schale mit Wasser steht bereit.

9. Streicheln dient als Abschluss und beendet die Toberei.

5. Spiel am und im Wasser

Gewässer gehören zu den Lieblingsorten vieler Hunde. Der Platz ist zum Toben oder Apportieren bestens geeignet. Nehmen Sie ein Gummispielzeug mit und das werfen Sie ins Wasser. Lassen Sie Ihren Hund sofort hinterher schwimmen, um es zu retten. Das können Sie bis zu 3 x einsetzen. Schwimmen ist für Hunde auch sehr anstrengend und daher ist jeweils eine Ruhepause nötig.

Örtlichkeit: im Freien

Zielsetzung: Ausdauer und Koordination

Differenzierung: einfaches Spiel

Was wird benötigt: Leckerli

Ablauf:

1. Es beginnt mit »Sitz« und der Hund wartet.

2. Sie nehmen ein Spielzeug und das werfen Sie ins Wasser.

3. Mit dem Kommando »Hol« soll er das Spielzeug aus dem Wasser holen.

4. Mit Kommando „Bring« nimmt er es und bringt es zu Ihnen.

5. Es folgt Kommando »Platz« und er muss sich hinlegen.

6. Nach dem Kommando »Leg ab« muss er es vor Ihre Füße legen.

7. Sie belohnen ihn anschließend mit einem Leckerli.

Spiele für Fortgeschrittene Hundehalter

Hundehalter sind am Anfang ihres Zusammenlebens mit den Vierbeinern oft noch nicht so fit im Umgang. Bevor dem Tier nun alle Kommandos und Befehle beigebracht werden können, muss sie erst der Halter erlernen. Wenn Sie zu den Anfängern gehören, freuen Sie sich über ein paar Tipps zum Spielen mit dem Hund. Andererseits können die Profis unter Ihnen die einfachen Spiele ignorieren und den Intelligenzspielen mehr Aufmerksamkeit schenken. Planen Sie für Übungen mit solchen Zielen nie mehr als 15 Minuten ein. Die Konzentrationsfähigkeit hält nicht länger an. Überforderung soll vermieden werden.

„Lebensfreude lässt sich am besten vom Hund lerenen."

- Nils Sandmann -

„Ein Hund ist ein Herz auf vier Beinen ."

- Unbekannt -

1. Denken und Spaß

Spiel für Denkspaß, bessere Bindung und Spaß im Allgemeinen ist es, Eigenschaften des Hundes auszunutzen. Die Hunde haben Eigenheiten, die bei genauer Beobachtung durchaus als Spiel geeignet sein können. Die Kreativität zu fördern und die Intelligenz zu steigern sind der Sinn vieler Spiele. Beste Voraussetzungen, wenn der Hund schon damit begonnen hat. Egal welche lustigen Bewegungen er vollzieht, machen Sie daraus Ihren gemeinsamen Auftritt. Es kann beispielsweise sein, dass sich der Hund gern auf die Hinterbeine setzt und mit den Vorderpfoten klatscht. Warum soll das nicht für eine spielerische Darstellung von Ihnen beiden ausreichen. Geben Sie ihm ein Band an eine Pfote, damit er damit winken kann, wenn Sie etwas Kunstvolles vorgelegt haben. Die Schwierigkeit steigern wäre in diesem Fall, dass Ihr Hund noch den Kopf neigt und lacht. Auch das bekommen Sie mit Leckerlis und Ausdauer hin.

Örtlichkeit: in der Wohnung und im Freien

Zielsetzung: Ausdauer und Koordination

Differenzierung: einfaches Spiel

Was wird benötigt: Leckerli

Ablauf:

1. Es beginnt mit »Sitz« und der Hund wartet, was Sie nun ansagen.

2. Da Ihr Hund in Sitzposition oft eine Pfote höher hielt, haben Sie das zu Ihrem Spiel ausgebaut.

2. Mit »Gib Pfötchen« begrüßen Sie sich und ein Lob mit Streicheln folgt gleich.

3. Weiterhin ist »Umblättern« eine Eigenheit, die Sie zum Zeitung lesen aufgebessert haben.

4. Eine Zeitung liegt auf dem Boden und der Hund schiebt mit der Pfote das Blatt weiter. So ergibt sich das Umblättern für Sie

5. Als Dank belohnen Sie ihn anschließend.

2. Perle im Haushalt

So eine Hilfe fehlt bei Ihnen noch? Das kann Ihr Hund lernen! Mehrfach haben Sie schon gesehen, dass der Vierbeiner Dinge vom Boden aufhebt und damit spielt. Beginnen Sie damit, dass Ihr Hund lernt, die herumliegenden Socken in der Wohnung einzusammeln. Wenn er apportieren kann, dann gelingt das Spiel mühelos. Mit den passenden Belohnungen für die Arbeit wird er es gern machen. Wenn Sie ihm die Socken nicht zumuten möchten, dann kann er auch Spielzeug aufräumen. Wichtig ist, dass die Dinge genau und immer wieder so benannt werden. Wenn Ihre Räumlichkeiten es erlauben, dann kann er auch helfen, die Einkäufe ins Haus zu tragen. Je nach Gewicht natürlich. Mit den Befehlen „Bring« und »Hol her« kann die Übung beginnen. Mit „Leg ab« lernt er, wo er den Kartoffelbeutel ablegen soll.

Örtlichkeit: in der Wohnung und im Freien

Zielsetzung: Ausdauer und Koordination

Differenzierung: einfaches Spiel

Was wird benötigt: Leckerli

Ablauf:

1. Es beginnt mit der Position »Sitz« und der Hund wartet.

2. Sie zeigen auf den Gegenstand, den der Hund holen soll und sagen die richtige und eingeübte Bezeichnung dafür an.

3. Mit dem Kommando »Bring« soll er den Gegenstand in einen Korb legen.

4. Nach dem Kommando »Leg ab« muss er es tun. Ein eingespieltes Team wird nach und nach ohne weitere Befehle auskommen.

5. Sie belohnen ihn anschließend.

3. Kinderspielzeug nutzen

Intelligenzspielzeug für Kinder ist oft auch für die Vierbeiner gut geeignet. Es ist in der Regel frei von giftigen Chemikalien und wenn es gebraucht erworben wird, umso einfacher. Das Spiel mit den verschieden großen Ringen, die gestapelt werden müssen, eignet sich gut. Der große Ring liegt ganz unten auf einem runden Brett mit Stab in der Mitte zum Stapeln. Die Ringe sind in verschiedenen Farben. So lernt der Hund mit den Farbbezeichnungen schnell, welcher Ring wo hingehört. Für jeden richtigen Ring gibt es natürlich die Belohnung. Zu Beginn setzen Sie sich neben den Hund und nehmen Sie beispielsweise den großen Ring in Blau. Zeigen Sie genau an, was Blau ist und zeigen Sie dem Hund mit Ihrer Hand, wo der Ring hingehört. Gleich wenn der Hund den Ring platziert, nehmen Sie Ihre Hand weg. Dann fällt der Ring auf den Stapel. Die Handzeichen verringern Sie schrittweise, wenn es funktioniert.

Örtlichkeit: in der Wohnung und im Freien

Zielsetzung: Ausdauer und Koordination

Differenzierung: mittelschwer bis schwer

Was wird benötigt: Leckerli

Ablauf:

1. Es beginnt mit »Sitz« und der Hund wartet auf eine Ansage.

2. Sie zeigen dem Hund das Spielgerät.

3. Alle Ringe legen Sie neben den Stapelstab.

4. Nehmen Sie einen Ring, den Sie mit der Farbe benennen. Beispiel Blau, weil er der größte davon ist.

5. Zeigen Sie, wie der Ring auf den Stab gelegt wird, damit er dort herunterfällt.

6. Wiederholen Sie langsam die Bewegungen.

7. Reichen Sie dem Hund diesen Ring und mit Handzeichen geben Sie an, dass er den Ring auf den Stab legen soll.

8. Wiederholen Sie die Aufforderung, wenn es nötig ist.

9. Sie belohnen ihn anschließend, wenn es gelungen ist.

10. So verfahren Sie mit jedem weiteren Ring. Solange bis er die Reihenfolge anhand der Farben erkennt. Es wird immer schwerer, da die Ringe immer kleiner werden.

„Hunde sind wie Engel,
nur mit vier Beinen
und ganz viel Fell."

- Unbekannt -

„Hunde haben etwas,
das vielen Menschen fehlt:
Treue, Dankbarkeit
und Charakter."

- Unbekannt -

Notizen:

4. Finde den richtigen Platz

So ein Ball mit Aussparungen für passende Klötzchen ist ebenfalls ein Kinderspielzeug. Das kann sehr gut für die ganz pfiffigen Hunde genutzt werden. Hier passen die verschieden geformten Teile nämlich nur in die Aussparung, wenn sie ganz gerade hineingesteckt werden. Damit nicht so schnell aufgegeben wird, fangen Sie langsam damit an. Verfahren Sie wie beim Stapel mit Handzeichen. Es ist schwierig und fördert die Konzentrationsfähigkeit und auch die Ausdauer. Nur länger als 10 Minuten ist sicher nicht förderlich. So haben Sie immer wieder Gelegenheit, einen weiteren Formstein dazu zu nehmen. Vergessen Sie nicht, die richtigen Bezeichnungen einzusetzen. Wenn es ein Dreieck ist, dann lernt der Hund, dass er ein Dreieck einsetzen soll. Er muss den Formstein so zurechtlegen, dass er ihn mit der Schnauze gerade in die Öffnung legen kann.

Örtlichkeit: in der Wohnung und im Freien

Zielsetzung: Ausdauer und Koordination

Differenzierung: schweres Spiel

Was wird benötigt: Leckerli, Spielball mit Aussparungen, viel Geduld

Ablauf:

1. Es beginnt mit »Sitz« und der Hund wartet.

2. Sie zeigen dem Hund den Ball und die Klötzchen.

3. Beginnen Sie mit einer einfachen Form wie Dreieck.

4. Benennen Sie den Stein eindeutig nach der Form, da alle Klötzchen in der Regel in gleicher Farbe sind.

5. Zeigen Sie nun, wie Sie ganz langsam den Stein nehmen, in benennen und in die Öffnung für das Dreieck legen. Ganz gerade, sonst passt er nicht hinein.

6. Wiederholen Sie den Vorgang 1 bis 2 Mal.

7. Nun fordern Sie Ihren Hund mit Kommando »Steck« oder wie Sie es nennen wollen, auf.

8. Es ist schwierig, weil der Stein nur hineingeht, wenn er ganz gerade über der Öffnung gehalten wird. Deshalb wird es schwer, aber nicht unmöglich.

9. Geben Sie Ihrem Hund und der Geduld eine Chance und belohnen Sie jede richtige Kleinigkeit!

Notizen:

5. Futter am Band

Dieses Spiel fördert die Konzentrationsfähigkeit und die Geduld. Es erschließt sich dem Hund nicht gleich, wie das funktioniert. Wie löst er das Problem und gibt er schnell wieder auf? Mit einer Schnur und einem kleinen Behälter sowie einem Trockenfutterbrocken machen Sie ein Spiel daraus.

Vorgehensweise: Befestigen Sie den Behälter an der Schnur, sodass die Öffnung zugänglich bleibt. Da hinein kommt der Brocken Trockenfutter. Ideal auch bei gutem Wetter im Freien. Den Behälter verstecken Sie an einer für ihn schwerer zugänglichen Stelle und legen Sie die Schnur aus. Die muss so liegen, dass er sie packen kann. Als Hilfe kann auch ein Knoten am Ende der Schnur sein. So kann er das Ende leichter mit der Schnauze aufnehmen.

Nun muss er die Lösung für das Problem finden. Sie zeigen Sie ihm ruhig, wie Sie den Behälter verstecken! Die Schnur auslegen und ihm mit dem Kommando »Zieh« die Lösung anbieten, folgt dann. Sobald er die Schnur berührt und daran zieht, feuern Sie ihn an. Belohnen Sie ihn, wenn er das Futterstück herausbekommt! Kommt er nicht auf die Idee, die Schnur zu benutzen, dann zeigen Sie einfach kurz, wie es geht. Aber nur ein Stückchen daran ziehen! Er wird es nachahmen und so seinen Erfolg bekommen.

Als Steigerung können Sie das Versteck optimieren. Da findet sich im Garten sicher irgendwo ein gut bewachsenes Plätzchen oder ein dichter Strauch. Weitere Steigerung ist, wenn die Schnur über einen tiefhängenden Zweig geht und der Hund zieht unten am Ende der Schnur. Der Fantasie sind keine Grenzen gesetzt.

Örtlichkeit: in der Wohnung und im Freien

Zielsetzung: Ausdauer, Impulskontrolle, Spaß, Nasenarbeit und Koordination

Differenzierung: schweres Spiel

Was wird benötigt: Leckerli, Schnur, Behälter für die Beute, Geduld

Ablauf:

1. Das Spiel beginnt mit dem Kommando »Sitz« und der Hund wartet.

2. Sie zeigen dem Hund das Leckerli und das Behältnis wie Tüte z. B..

3. Sie legen das Leckerli in die kleine Tüte und die ist am Band befestigt.

4. Dann lassen Sie den Hund daran ausgiebig schnüffeln.

5. Die Tüte verstecken Sie an einem für den Hund schwer zugänglichen Ort und legen die Schnur sichtbar davor aus.

6. An dem Band mit der Tüte ziehen langsam ein wenig, sodass der Hund sieht, es bewegt sich etwas.

7. Mit Kommando »Such« fordern Sie ihn auf, das Leckerli zu finden.

8. Hoffentlich wird er an der Schur ziehen. Wenn nicht, zeigen Sie erneut, dass an der Schnur der Beutel mit dem Leckerli hängt.

9. Die Wiederholungen können die Geduld strapazieren.

10 Funktioniert es, dann folgt Kommando »Bring« und er muss Ihnen die Beute im Beutel bringen.

11. Nach dem Kommando »Leg ab« muss er die Tüte mit Schnur vor Ihre Füße legen.

12. Sie belohnen ihn anschließend mit seiner Beute.

„Als ich eine Hand suchte,
fand ich eine Pfote.“

- Unbekannt -

Spiele mit und für Welpen

Welpen spielen gern.

Diesem Satz ist normalerweise nichts hinzuzufügen. Das ist wie Allgemeinbildung und so etwas weiß am eben. Aber weiß man eben auch, was für den Welpen wirklich geeignet ist? Unter der Berücksichtigung aller Voraussetzungen beginnt die Auswahl bereits beim Körperbau. Die vielseitigen motorischen Aktivitäten müssen zum anatomischen Bau des Tieres passen. Langer Bauch, kurze Beine usw. sind Fakten, die berücksichtigt werden müssen. Insbesondere die Welpen der großen Rassen brauchen für ihre Entwicklung das freie Spiel. Ihre Gelenke und Knorpelschichten werden durch die Bewegung ernährt.

Besonders wichtiger Hinweis:

Egal was beim Spielen der Welpen falsch gelaufen ist.

Niemals darf das Tier hochgenommen und geschüttelt werden!

Das Schütteln ist eine der Methode, die zur Tötung von Welpen verwendet werden. Es wird die kleine Wirbelsäule gebrochen.

Das Vorbild für die kleine Zurechtweisung ist die Mutter der Welpen. Sie stupst die Kleinen an. Erst ein wenig und wenn es nicht genutzt hat, dann stupst so, dass sie umfallen. Dann leckt sie mit der Zunge den Bauch des Kleinen zur Beruhigung.

Wenn Sie den frechen Welpen umwerfen, reicht es den kleinen Bauch zu streicheln.

Das Spiel mit Welpen sollte nach dem Vorbild erfolgen. Vertrauen und enge Bindung wollen Sie erzielen. Die frechen Grobheiten von Welpen dulden Sie bitte nicht! Werfen Sie ihn um und streicheln Sie seinen Bauch!

Welche Auswirkungen hat das Spiel für Welpen?

Obwohl das Spiel dem kleinen Hund viel Energie abverlangt, ist das kleine Fellbündel permanent in Aktion. Außer fressen und schlafen kann ihn nichts vom Herumtollen abhalten. Die Verletzungsgefahr ist hoch, weil die Koordination der Bewegungen noch nicht optimal ist. Manchmal versteht er auch nicht, was die Menschen eigentlich von ihm wollen. Ein Welpe ist eben tapsig und niedlich und er will spielen.

Was also treibt ihn zum Spielen an? Sein Frauchen oder Herrchen? Seine eigenen Versuche, die motorischen Fähigkeiten zu probieren und sein Spieltrieb auf jeden Fall. Spiele mit Welpen sind die Vorbereitung auf das Leben als erwachsener Hund. Alle gesammelten Erfahrungen für Jagdverhalten, die agonistischen Verhaltensweisen, die im Wettkampf und bei Rivalitäten gebraucht werden, erlernt der kleine Vierbeiner. Er lernt, dass ein Tier im Rudel der Anführer ist. Die Familie, bei der er aufwächst, ist sein Rudel. Den Anführer erkennt der Kleine selbst. Das ist nicht immer der Vater in der Familie! Im Spiel erfährt der Kleine, welche Signale von den anderen Wesen ausgesandt werden. Dabei ist die Gesamtheit der Wesen in der Familie zu verstehen. Es kann auch eine Katze oder ein Vogel in der Familie leben.

Auch die verhalten sich ihm gegenüber auf ihre Weise. Seine schmerzlichen Erfahrungen mit einer Katze halten das ganze Leben an. Es kommt aber auch vor, dass sich beide sehr mögen und dann ist es kein Problem. Idealerweise akzeptiert eine Katze den neuen Bewohner, indem sich beide aus dem Weg gehen können. Alle Varianten sind eine Option. Das Sozialverhalten des Welpen entwickelt sich und Beziehungen zueinander erfahren neue Tiefen. Warum soll auch eine Katze nicht zum besten Freund werden? Alles geht! Es gibt auch bildliche Nachweise, in denen ein Hund mit einer kleinen Ente kuschelt.

Solange der Welpe bei Mutter und Geschwistern ist, wird ihm schnell beigebracht, dass das Beißen nicht immer gut ankommt.

Entscheiden Sie sich für einen Welpen, dann achten Sie darauf, dass er nicht vor der 7. Lebenswoche von seiner Mutter und den Geschwistern getrennt wurde.

Er ist sonst auf dem besten Weg ein »Beißer« zu werden. Seine Verhaltensweisen sind wesentlich brutaler, als sie sonst wären.

Im Spiel wird die körperliche Entwicklung gefördert. Was sehr interessant dabei ist, läuft im Gehirn des Hundes ab. Für das Gleichgewicht notwendige Strukturen im Kleinhirn entwickeln bessere Nervenbahnen. Die Verbindungsgewebe zwischen Muskeln und Nervenbahnen verbessern sich. Gezieltes Spiel setzt Grenzen und zeigt dem Welpen ihre Fähigkeiten auf. Es ist notwendig, dass sie Strategien entwickeln, um an die Lösung eines Problems zu kommen.

Gleichzeitig ist der Hundehalter im Vorteil, weil er hier die Pflicht mit einbaut. Erziehung tut not und passt in den Spielablauf. Mit der richtigen Belohnung setzt er die Maßstäbe für die gewünschten Fähigkeiten des Hundes.

Aus den Erfahrungen zeigt sich, dass nach dem Spielen eine erhöhte Zuwendung zum Halter erfolgt. Die ist nutzbar zur Erziehung am Anschluss.

Sind negative Auswirkungen bemerkbar?

Durchaus kommen auch negative Erscheinungen vor. Das betrifft in erster Linie kranke Hunde. Wenn die Tiere einem chronischen Stress ausgesetzt waren, kommt es zu einem Verlust vom Spieltrieb. Manche Hunde sind lange hungrig und leben in schlechten Verhältnissen. Da stellt sich dieser Verlust recht schnell ein. Umgekehrt heißt es auch, dass schlechter Zustand in der Gesundheit als Ursache zu wenig Beschäftigung und Spiel sein kann.

Tipps für die Spiele mit den Welpen

- Beobachten Sie den kleinen Vierbeiner! Bei welcher Spielart ist er richtig dabei?

- Nutzen Sie kurze Einheiten zum Spiel!

- Länge von 5 Minuten ist völlig ausreichend.

- Mehrere Einheiten über den Tag verteilt sind sinnvoller.

- Vermeiden Sie jede Art von Überforderung!

- Pausen für die Entspannung und Streicheleinheiten einplanen!

- Spielzeug muss für Welpen zugelassen und geeignet sein.

- Bleiben Sie der Herr über die Spielzeugsammlung und geben Sie es heraus!

- Wechseln Sie im Spiel das Spielzeug!

„Hunde lügen nie,
wenn es um Liebe geht."

- Jeffrey Moussaieff Masson -

„Kauf dir einen jungen Hund,
und du wirst für dein Geld
wild entschlossene Liebe bekommen."

- Rudyard Kipling -

6 geeignete Spiele mit Welpen

1. Rangeln

Rangeleien mit den Geschwistern sind normale Abläufe bei den Welpen. Solange sie mit den anderen Welpen bei der Mutter sind, sorgt die für die Ordnung. Nun kommt der Welpe zu Ihnen in die Häuslichkeit und Sie und Ihre Familie werfen zu seinem Rudel. Er wird weiterhin die Rangeleien brauchen. Er liebt es, seine Kräfte zu messen. Ihnen fällt nun diese Rolle zu.

Örtlichkeit: in der Wohnung und im Freien

Zielsetzung: Ausdauer, Impulskontrolle, Spaß, Festigung der Bindung

Differenzierung: leichtes Spiel

Was wird benötigt: Leckerli, Zeit, Geduld und Liebe zum Tier

Kräfte messen mit anderen Welpen oder dem Herrchen, das ist dem Welpen völlig egal. Hauptsache richtig raufen ist dabei. Die Entwicklung und seine sozialen Fähigkeiten werden dabei vorangebracht. Der Welpe erfährt sich selbst und seine Kräfte im Spiel. Seinen Platz in der Rangfolge erkennt er auf diese Weise schnell, denn sie wird ihm zugewiesen. Auf jeden Fall wird einer der Menschen in seinem Rudel der Anführer sein. Soweit wird es ihm klar. Erfahrungen dazu, größere Hunde besser nicht anzugehen, kommen ebenfalls schnell dazu. Stellt sich heraus, dass da ein kleines Alphatier in ihm steckt, verzichten Sie besser auf die geliebten Zerrspiele mit dem Welpen.

2. Zerren, was das Zeug hält!

Landläufig hält sich hartnäckig eine Meinung. Die Behauptung ist durch nichts belegt, dass eine Dominanz ausgebildet wird. Sie soll entstehen, wenn man die Welpen gewinnen lässt. Für Zerrspiele ist es wichtig, dem Welpen zunächst das Kommando »Aus« beizubringen. Als verantwortungsbewusster Hundehalter wissen Sie, dass einige Fakten berücksichtigt werden.

Örtlichkeit: in der Wohnung und im Freien

Zielsetzung: Ausdauer, Impulskontrolle, Spaß, Gehorsam

Differenzierung: leichtes Spiel

Was wird benötigt: Leckerli, Zeit, Geduld, alte Kleidung zum zerren

Reaktionen:

1. Erregungszustände sind beim Zerren schnell am oberen Level.

2. Knurren und Bellen folgen als Nächstes.

3. Das kann in Beißen ausarten.

4. Sofort Stopp in solchen Fällen.

Tipps:

1. Keine Zerrspiele im Zahnwechsel!

2. Keine Zerrspiele, wenn die Beinarbeit nicht erwünscht ist!

3. Zerren am Knotenstrick!

Die Zerrspiele dienen dem Hund zum Ausprobieren und Grenzen finden seiner eigenen Kräfte. Dabei setzt der Kleine alle Tricks und Kniffe ein, die ihm gerade so einfallen. Eingeübte Befehle kennt er ja noch nicht so genau. Bis auf den Befehl »Aus«. Der muss als Erstes erlernt werden.

Örtlichkeit: in der Wohnung und im Freien

Zielsetzung: Ausdauer, Impulskontrolle, Spaß

Differenzierung: schweres Spiel

Was wird benötigt: Leckerli, Schnur, Behälter für die Beute, Geduld

Ablauf:

1. Dem Welpen drücken Sie sacht auf das Hinterteil, damit er sitzt.

2. Sagen Sie dabei auch das Kommando »Sitz«, weil er im Spiel solche Befehle mitlernt.

3. Zeigen Sie ihm das Spielzeug, mit Sie zerren wollen.

4. Fassen Sie es an einem Ende an und bieten dem Welpen die andere Seite.

5. Wenn er es schnappt, dann ziehen Sie daran.

6. Reagiert er noch nicht auf das dargebotene Ende, dann wedeln Sie damit vor ihm, bis er zuschnappt.

7. Gelingt das Spiel mit beiderseitigem Griff, lassen Sie den Welpen zerren und halten nur dagegen.

8. Der Welpe zieht entsprechend seiner Kräfte und Sie können ihn so nicht überfordern.

Kräfte messen ist das Thema. Der kleine Vierbeiner hat gegen Sie ja wenig Chancen. Lassen Sie ihn gewinnen so ab und zu. Die Langeweile und der Frust werden an ihm nagen. Schaffen Sie ihm Erfolgserlebnisse, die sein Selbstbewusstsein stärken. Immer unter dem Aspekt, dass ein Spiel nicht ausarten darf. Fängt er an zu bellen und knurrt Sie an, dann ist sofort Abbruch nötig. Eine gute Gelegenheit das Kommando »Aus« einzubringen. Ebenso wichtig ist das Einschreiten mit dem Kommando »Aus«, wenn er den Strick nun gar nicht loslassen will. Überlisten Sie ihn mit einem Leckerli. Er wird sich entscheiden. So wird das wichtige Kommando für sein Leben im Spiel schon mehrfach gehört.

Notizen:

4. Hol den Ball!

Diese Aufforderung macht den Welpen Spaß. Gegenstände holen und dem Menschen bringen, in der Hoffnung, dass der etwas Schönes damit anstellt. So z. B. den Ball erneut werfen. Einige Hunderassen sind gerade für das Apportieren gut geeignet. Es liegt ihnen im Blut. Dazu gehören die Retriever. Haben Sie den Ball nun schon 3 x geworfen, wird es vielleicht schon nicht mehr so interessant sein. Spielen Sie mit einem größeren Ball dann aber Fußball, werden Sie staunen. Vielleicht haben Sie den Ball gar nicht lange in der Gewalt. Das Spiel mit dem Dribbeln lockt die Jäger Hundeseele hervor. Dann werfen Sie auch diesen Ball ein Stück und sehen, dass er apportieren wird. Hat er das getan, bauen Sie gleich die Kommandos mit ein. So hört er gleich im Zusammenhang das richtige Wort dazu.

Für diese Aufgabe ist das Apportieren das Ziel. Mit allen möglichen Gegenständen lässt sich arrangieren. Haushaltsgegenstände, sobald sie für Welpen allein wegen des Gewichtes geeignet sind, sind da sehr beliebt. Leider ist ein wenig Gefahr dabei integriert. Das Beherrschen der einzelnen Kommandos hat der Welpe ja noch nicht gelernt. Achten Sie auf Ihre Socken, wenn Sie diese zum Spiel benutzen. Kleine Beutel mit Leckerli darin eignen sich zum Erlernen sehr gut. Bezeichnet werden die gern als Dummy. Damit diese Aufgabe als Spiel mit dem Welpen beginnen kann, lernt der kleine Vierbeiner, wie er den Dummy holt und abliefert.

Örtlichkeit: in der Wohnung und im Freien

Zielsetzung: Ausdauer, Impulskontrolle, Spaß, Nasenarbeit und Koordination

Differenzierung: mittelschwer bis schweres Spiel

Was wird benötigt: Leckerli, Schnur, 2 Dummys für Leckerlis, lange Leine wie z. B. eine Schleppleine

Ablauf:

1. Halten Sie den Kleinen fest!

2. Werfen Sie den Beutel mit dem Leckerli ein paar Meter weiter!

3. Lassen Sie den Welpen loslaufen!

4. Sobald der Welpe den Dummy packt, benutzen Sie das Kommando »Bring«.

5. Locken Sie den Welpen mit dem Dummy zu sich heran!

6. Nutzen Sie dabei den 2. Dummy!

7. Lerneffekt für den Welpen ist die Belohnung.

„Der Hund ist ein Begleiter,
der uns daran erinnert,
jeden Augenblick zu genießen.“

- Marla Lennard -

„Mein Hund darf mit ins Bett.
In seinem Korb spukt es nämlich.“

- Unbekannt -

5. Belohnung erschnüffeln

Belohnungen sind ein beliebtes Ergebnis, wenn der Welpe sein Spiel gut absolviert hat. Ihrer Fantasie können Sie immer vertrauen. Beim Spaziergang ist das Spiel problemlos einbaubar. Jeder Baumstamm und jede grobe Rinde bieten ein gutes Versteck für ein Leckerli. Hauptsache Sie beim Welpen, wenn er erkunden geht. Dazu ist der Wald ideal. Welpen sind so neugierig und die Wälder bieten so viel Gelegenheiten. Ein kleiner Wasserlauf wird zur großen Entdeckung. Vielleicht auch für Sie, wenn beide darüber springen. Unter umgestürzten Bäumen lassen den Welpen dann doch allein durchkriechen. Slalom auf dem Waldweg und unter eine Parkbank kann er gut absolvieren.

Örtlichkeit: in der Wohnung und im Freien

Zielsetzung: Ausdauer, Impulskontrolle, Spaß, Nasenarbeit und Koordination

Differenzierung: leichtes Spiel

Was wird benötigt: Leckerli, Geduld, lange Leine

Ablauf:

1. Für das Spiel im Außenbereich legen Sie ihm das Geschirr an und wählen eine lange Leine aus.

2. Nehmen Sie einen kleinen Vorrat an Leckerlis mit.

3. Während des Spaziergangs nehmen Sie jede Gelegenheit, die in der Natur zu finden ist, als Versteck für ein Leckerli.

4. Führen Sie ihn dann, wenn Sie ein Stück gegangen sind, zurück zum Versteck.

5. Sagen Sie ihm den Befehl »Such« und führen ihn näher an das Versteck heran.

6. Belohnen Sie ihn, wenn er das gefunden hat.

Schnüffelspiele sind für die Jagdhunde ein Vergnügen. Zielstrebig sind sie auf der Suche nach versteckten Leckerlis. Mit viel Spaß für beide, obwohl Sie als Halter eines Welpen mit Konzentration dabei sind. Welpen wollen spielen und das oft nicht so, wie Sie sich das vorgestellt haben. Bleiben Sie ruhig und vor allem kulant. In der spielerischen Art soll er trotzdem wichtige Dinge erlernen. Mit seiner Schnüffelnase lassen Sie ihn die zusätzlichen Futterbrocken finden. Zunächst legen Sie dicht bei ihm solche Teile aus. Die Entfernung vergrößern Sie Schritt für Schritt. Gehen Sie auch in ein anderes Zimmer mit den Leckerlis. Platzieren Sie diese immer in erreichbarer Höhe für den Welpen.

Verlegen Sie das Spiel auch in den Garten und auf den Spaziergang. In der Öffentlichkeit ist es etwas schwieriger. Sie wollen ja auf keinen Fall, dass Ihr Hund lernt, Fressbares auf der Straße und in der Gosse zu finden. Insofern bleibt wirklich für draußen die Option, dass der Hund nur im Zusammenhang mit dem Spiel eindeutig seine Belohnung bekommt. Stellt sich heraus, dass nun gerade Ihr Hund überall draußen frisst, was er findet, dann ist es ungeeignet als Spiel für draußen.

„Ein Hund ist mehr als nur ein Haustier.
Er ist ein Freund, ein Vertrauter,
ein Seelentröster - sozusagen
ein persönlicher Schutzengel.“

- Unbekannt -

„Kein Psychiater der Welt kann es mit
einen kleinen Hund aufnehmen,
der einen das Gesicht leckt.“

- Unbekannt -

6. Spaziergänge mit eingebauten Highlights

Jeder Spaziergang ist für den Hund ein freudiger Anlass. Mit Ungeduld lässt er sich das Geschirr anlegen und dann soll es auch sofort losgehen. Ihre Geduld und Fingerfertigkeit ist bei dem Akt gefragt.

Örtlichkeit: im Freien

Zielsetzung: Ausdauer, Spaß und Stärkung der Bindung

Differenzierung: leichtes Spiel

Was wird benötigt: Leckerli, Geduld und Zeit, vorhandene Gegenstände aus dem Gelände nutzen

Ablauf:

1. Lassen Sie den Welpen mit Geschirr und Leine laufen.

2. Nutzen Sie die Gelegenheiten in der Natur für die kleinen Einlagen zur Abwechslung.

3. Zeigen Sie ihm einen Hopser über einen kleinen Stein.

4. Laufen Sie eine Runde im Kreis!

5. Zeigen Sie ihm das Leckerli!

5. Werfen Sie es hoch und warten, bis es herunterfällt!

6. Lassen Sie ihn das Stück suchen und als Belohnung fressen!

Zusammenfassung:

Spiele mit einem Welpen abwechslungsreich zu gestalten, ist auch Ihre Aufgabe. Langeweile ist schnell aufgebaut und die Welpen werden ausgelassen. Nutzen Sie die Zeit beim Gassigehen und bei dem Spaziergang für das Setzen von Höhepunkten. Wechseln Sie die Route und suchen Sie unterwegs geeignete Gelegenheiten aus. Springen über einen Stein oder ein Wasserrinnsal sind ebenso gut verwendbar. Nehmen Sie ein Spielzeug mit. Sobald eine Möglichkeit wie eine kleine Rasenfläche dabei ist, üben Sie Werfen und Fangen. Auf so einer Grasfläche wälzen sich die Hunde sehr gern und das erlauben Sie ihm sicher auch zwischendurch. Denken Sie an eine entsprechende Leine. Finden Sie solche Gelegenheiten nicht, dann ändern Sie jeweils die Gangart. Lauf Sie zickzack, gehen Sie ganz langsam, um gleich wieder los zu spurten. Alle Spielarten stärken Körper und Geist Ihres kleinen Gefährten.

„Wenn ein Hund dabei ist,
werden die Menschen gleich
Menschlicher."

- Hubert Ries -

„Der Hund braucht sein Hundeleben.
Er will zwar keine Flöhe haben,
aber die Möglichkeit,
sie zu bekommen."

- Robert Lembke -

Spiele mit alten Hunden

Senioren unter den Hunden spielen noch immer gern. Angepasst an ihre Bewegungsfähigkeit und Agilität, sind spielerische Beschäftigungen ein Spaßfaktor für sie. Die Kondition reicht nicht mehr für ausgedehnte Spaziergänge. Die Schmerzen sind wegen der Arthrosen bald nur noch schwer zu ertragen. So ergibt sich für die Beschäftigung ein schmales Fenster. Der Alterungsprozess ist wie bei den Menschen ebenfalls ein individueller Vorgang. Manche haben nichts zu beklagen und andere haben ein komplexes Beschwerdebild aufzuweisen. Die Degeneration ist nicht aufzuhalten. Die Zeit des Alterns ist auch mit einem erhöhten Bedürfnis nach Ruhe verbunden. Dem ist unbedingt Beachtung zu schenken, weil eine Überforderung eben auch individuell eintritt. Stark variierend und dennoch mit ausreichend Beschäftigung zu füllen, läuft diese Phase im Hundeleben ab. Ihr Ziel als Hundehalter wird das Erhalten des Leistungsstandes so lange wie möglich sein. Der Aktionsradius des Hundes ist deutlich kleiner geworden. Das gilt ebenso für die Sinneseindrücke. Mit kurzen Einheiten eine sinnvolle Beschäftigung gestalten!

Wie Sie das Organisieren und ausgestalten, liegt jeweils an der Kondition Ihres Hundes. Die Zeitspanne, in der Ihr Hund aufnahmefähig ist, wird kürzer und die Aufnahmefähigkeit wird immer langsamer. Ihre Geduld wird auf die Probe gestellt.

„Die Treue eines Hundes ist wie das Universum.
Sie ist grenzenlos."

- Unbekannt -

Was ist bei alten Hunden beim Spielen zu beachten?

Senioren unter den Hunden haben besondere Anforderungen, denen Sie Rechnung tragen müssen. Die Abläufe verlangsamen sich und so dauert der Spaziergang genauso lange wie zuvor. Nur die Strecke dafür ist nun viel kürzer. Die alten Hunde sind auch während ihrer Wachphasen meist dabei, vor sich hin zu dösen.

1. Verlangsamung aller Abläufe.

2. Ruhephasen werden öfter benötigt.

3. Schnüffelaktivitäten werden vermehrt.

4. Zeiten für die Beschäftigung auf max. 5 Minuten begrenzen.

5. Vermeiden Sie alle ruckartigen Bewegungen für den Hund!

Seniorenhunde bilden ein Schlafbedürfnis von bis zu 18 Stunden am Tag aus. Ihnen bleibt da nur wenig Zeit, die Sie sinnvoll mit dem Hund nutzen. Bringen Sie Ihren Tagesablauf nun in Übereinstimmung mit dem des Hundes. Das Tier braucht diese Spaziergänge zur Erhaltung der Beweglichkeit und Stabilität seiner Gelenke und Muskeln. Immer unter dem Aspekt, dass die Leistungsfähigkeit erhalten bleibt. Von Verbesserungen ist in der Regel nicht so häufig auszugehen.

5 Spiele mit Senioren-hunden

Hunde im Seniorenalter? Wann geht das los? Gar nicht so einfach zu beantworten sind solche Fragen. Es beginnt so um die 7 Lebensjahre herum. Jeder Hund hat seinen individuellen Zustand. Die Gesundheit ist unterschiedlich und die Haltungsform trägt wesentlich zur Alterung bei. Sicher ist, dass es bei großen und schweren Hunden schneller fortschreitet als bei den kleinen Rassen. Einige Veränderungen sehen Sie allerdings, wenn Sie das berücksichtigen.

Die Anzeichen sind bei der Agilität wohl zuerst bemerkbar. Die Energie reicht nicht mehr für angestrengte Gänge. An Gewicht legen sie schneller zu und das bemerken Sie sicher. Obwohl Sie bei dem Futter und der Menge nichts verändert haben, wird der Hund schwerer. Die Stoffwechsellage ist träge, genau wie der Hund.

Appetitmangel ist möglich und auch das fällt auf. Sie kennen Ihren Hund genau und werden sich Sorgen machen. Krank ist er nicht, nur alt. Der Tierarzt wird Sie darüber aufklären und Sie passen alle Aktivitäten entsprechend an. Beschäftigung und Spiele sind immer noch wichtig.

Spiele, die mit einem Futtereinsatz einhergehen, eignen sich gut für die Senioren unter den Hunden. Sie können jederzeit und an jedem Ort ausgeführt werden. Gerade weil die alten Damen und Herren unter den Vierbeinern gerne ihren Schnüffeltrieb ausleben, ist die Suche nach den Leckerlis passend.

„Ein Haus ohne Hund ist
wie ein Garten ohne Blumen.“

- Unbekannt -

1. Such das Leckerli

Örtlichkeit: in der Wohnung und im Freien

Zielsetzung: Ausdauer, Impulskontrolle, Spaß, Nasenarbeit und Koordination

Differenzierung: einfaches Spiel

Was wird benötigt: Leckerli, Schnur, 2 Dummys für Leckerlis, lange Leine wie z. B. eine Schleppleine

Ablauf:

1. Die Suche beginnt mit dem Kommando »Sitz« und der Hund wartet auf Ihre Anweisungen.

2. Legen Sie eine ganze Linie mit Leckerlis in größerem Abstand aus.

3. Fordern Sie dann den Hund mit Kommando »Such« auf, sich die Spur vorzunehmen.

„Ein Hund ist wie Peter Pan - ein Kind das niemals erwachsen wird und deshalb immer lieben und geliebt werden kann."

- Aaron Katcher -

2. Geknülltes Päckchen auspacken

Spiele mit Schnüffeln und suchen machen den alten Hunden immer viel Spaß. Darum können Sie für ein Spiel genau das aussuchen. Knüllen Sie Papier oder ein Handtuch zusammen und darin verstecken Sie ein Leckerli. Bis er das ausgepackt hat, vergeht ein klein wenig Zeit. Er wird das Leckerli finden. Nehmen Sie eine Zeitung dafür, ist anschließend eine Menge Schnipsel Papier einzusammeln.

Örtlichkeit: in der Wohnung und im Freien

Zielsetzung: Beschäftigung, Erhaltung der Beweglichkeit, Nasenarbeit, gemeinsame Zeit

Differenzierung: einfaches Spiel

Was wird benötigt: Leckerli

Ablauf:

1. Je nach Idee verstecken Sie die Leckerlis in Papier.

2. Der Hund befindet sich in der Position «Sitz«

3. Lassen Sie Ihren Hund an dem Papier Knäuel schnüffeln.

4. Rollen Sie dann das geknüllte Objekt ein Stück weg!

5. Mit dem Kommando »Such« lassen Ihren Hund das Päckchen auspacken.

6. Das Leckerli ist seine Belohnung.

3. Wühlen und finden

Mit so einem Spiel wird der Senior eine Weile seinen Spaß haben. Versteckte Leckerlis in einem Gefäß mit vielen Schnipseln. Das können durchaus auch die Schnipsel vom Spiel Nr. 2 sein. In dem Haufen Papierschnipsel verstecken Sie 4 bis 5 von den Lieblingsknabbereien Ihres Hundes.

Örtlichkeit: in der Wohnung

Zielsetzung: Beschäftigung, Erhaltung der Beweglichkeit, Nasenarbeit, gemeinsame Zeit

Differenzierung: einfaches Spiel

Was wird benötigt: Leckerli

Ablauf:

1. Nehmen Sie ein geeignetes Gefäß z. B. einen Schuhkarton mit Deckel.

2. Legen Sie viele Papierschnipsel da hinein. Große und kleine, geknüllte und glatte. Hauptsache der Karton ist voll.

3. Verstecken Sie die Knabbereien darin verteilt.

4. Legen Sie den Deckel leicht darauf.

5. Ihr Hund sitzt noch in der Position »Sitz« und beobachtet Ihre Aktionen.

6. Mit Kommando »Such« erlauben Sie ihm, den Karton zu öffnen und die Beute zu suchen.

7. Seine Schnüffelaktion wird zahlreiche Spuren hinterlassen.

8. Gefundene Leckerlis sind seine Belohnung. Vergessen das liebevolle Streicheln nicht!

4. Tanzen

Musik, die Hunde gerne hören, nutzen Sie für Bewegungsübungen zum Tanzen aus. Langsame Tanzbewegungen sind gut für das Haltesystem und die Bindung zu Ihnen. Sie bewegen sich gemeinsam!

Örtlichkeit: in der Wohnung und im Freien

Zielsetzung: Ausdauer und Koordination

Differenzierung: einfaches Spiel

Was wird benötigt: Leckerli, Gerät für das Abspielen von Musik

Ablauf:

1. Das Tanzen beginnt mit dem Kommando »Sitz« und der Hund wartet.

2. Sie spielen Musiktitel, die sie beide mögen, ab.

3. Mit dem Kommando »Komm« oder wenn Sie es eingeübt haben auch »Tanz« fordern Sie ihn zu den Bewegungen auf.

4. Drehen Sie sich gemeinsam, indem Sie mit den Handbewegungen die Richtung zeigen!

5. Treten Sie auf der Stelle von einem Bein auf das andere.

6. Alle Tanzbewegungen absolvieren Sie im Freestyle.

Die Tanzeinlagen richten sich ganz nach der Kondition Ihres Hundes.

5. Spazieren gehen mit gestalteten Unterbrechungen

Pausen, bei denen die Nasenarbeit Vorrang hat, sind gut für die Senioren. Der Spaziergang wird zum Event. Das gilt allerdings nur, wenn keine Arthrose in den Vorderbeinen diagnostiziert wurde. In dem Fall ist von Hopsern und Sprüngen abzusehen. Der individuelle Gesundheitszustand ist ausschlaggebend für die Auswahl der Übungen in den Unterbrechungen. Eine kleine Balancereihe auf einem umgekippten Baumstamm oder um die Bäume herum zu laufen, sind bereits große Abwechslungen. Die verschiedenen Bodenarten eignen sich ebenfalls als Unterbrechung. Waldboden, Wiese, Straße über Laub und durch das Unterholz bieten derartige Möglichkeiten, den allgemeinen Trott zu verändern. Da das Schnüffeln immer die liebste Beschäftigung bleiben wird, sind vorausgeworfene Leckerlis eine wunderbare Gelegenheit.

Achten Sie gut auf die Menge, weil sie gegebenenfalls doch von der Tagesration abgezogen werden müssen. Dabei geht es nicht um 3 oder 4 Stücke, sondern, wenn Sie wirklich reichlich davon verwenden.

Örtlichkeit: im Freien

Zielsetzung: Beschäftigung und Erhaltung der Beweglichkeit

Differenzierung: einfaches Spiel

Was wird benötigt: Leckerli

Ablauf:

1. Nutzen Sie auf dem Weg vorhandene Gelegenheiten!

2. Belohnen Sie für gute Leistungen!

Zusammenfassung:

Jede Beschäftigung mit dem Hund fördert sein Gefühl, dass er bei Ihnen gut aufgehoben und versorgt ist. Da der Gesundheitszustand für solche Art von Beschäftigung ausschlaggebend ist, kommen wenige Alternativen infrage. Eine sehr gute Art, dem Hund etwas Gutes zu tun, ist eine professionelle Massage. Für die besser in Form gehaltenen Tiere sind Bewegungen im Wasser sehr vorteilhaft. Lassen Sie Ihren Hund schwimmen, wenn Sie dafür Gelegenheiten haben. Denken Sie immer an eine Aufwärmphase, wenn die Beschäftigung sportlichen Charakter hat. Jede sinnvolle Aktivität trägt dazu bei, das Gehirn des Seniors ein wenig zu fordern. Alle Aktivitäten wirken sich positiv auf die Zufriedenheit, Gesundheit und Lebensqualität im höheren Hundehalter aus.

„Ohne ein paar Hundehaare
fühle ich mich nicht
wie Zuhause.“

- Unbekannt -

„Hunde sind das Produkt ihrer Erziehung,
kümmere dich um deinen Hund,
du hast deinen Alltag,
er hat nur dich.“

- Unbekannt -

Ängstliche Hunde spielen anders

Kaum eine Wesensart der Hunde, wie die Ängstlichkeit, wird so oft missverstanden. Belächelt, ausgelacht und nicht für voll genommen, so ergeht es diesen Tieren. Dass der Mensch die Ursache für den Beginn dieses Verhaltens war, scheint unwichtig. Angst zu ignorieren ist noch schlimmer für den Hund. Sie bleibt und wahrscheinlich wird sie noch schlimmer. Besonders wenn die angstauslösende Situation immer wieder auftritt. Die Entwicklung von neurotischem und aggressivem Verhalten beginnt damit.

Das Gehirn des Hundes nimmt den als gefährlich eingestuften Reiz wahr und löst den entsprechenden Reaktionsablauf aus. Meist ist es Flucht. Ein Angriff ist ebenso möglich. Die Angst löst sein lebensrettendes Verhalten aus. Dies ist bei einem freilaufenden Spaziergang, den Sie für ein Spiel nutzen möchten, schädlich. Läuft er ohne Leine und trifft auf eine angstauslösende Situation, ist seine Flucht bzw. Angriff wahrscheinlich. Sie haben es in der sprichwörtlich in der Hand. Hat der Hund die Erfahrung, dass bei Ihnen Schutz und Sicherheit gegeben sind, dann wird er das bei Ihnen auch suchen.

Wie erkennen Sie, dass der Hund Angst hat?

Es ist nicht immer gleich so offensichtlich, wie bei einem Hund. Wenn Sie zum Spielen auffordern, weil der Hund es schon nicht getan hat, sehen Sie auf die Rute! Der Schwanz ist gesenkt bzw. völlig zwischen die Hinterbeine geklemmt. Die Ohren liegen ganz nach hinten und an. Er zittert und versucht sich vor der möglichen Gefahr zu ducken. Oft steht er auch völlig starr. Sogar der Abgang von Kot und Urin ist dabei möglich.

Für Sie gilt es die Ursache zu sehen und zu erkennen! Andere und große Hunde, unbekannte Geräusche, Stöcke und Regenschirme. Erst wenn Sie die Gefahr beseitigen, kann sich der Hund zum Spiel wieder entspannen. Ihre Ruhe und Konsequenz wirken sich auf sein Verhalten aus.

Tipps:

1. Immer die Ruhe! Die Ausstrahlung von Ruhe und Autorität geben Sicherheit.

2. Leise Stimme wirkt beruhigend.

3. Schaffen Sie eine Barriere zwischen der Situation und Ihrem Hund.

4. Bringen Sie ihn konsequent aus der Gefahrenzone.

5. Streicheln beruhigt und fährt den Stresspegel herunter.

Fakten:

1. Neurobiologisch ist die Verstärkung der Angst durch angenehmes Gefühl unmöglich.

2. Unangenehme Gefühle können da sehr wohl beitragen. Die entstehen durch den Ruck an der Leine, laute Stimmen und Schimpfen sowie die Verminderung des Abstandes zur Gefahr.

Unter Berücksichtigung solcher Informationen ist das Spiel entspannter möglich.

Bis es so weit ist, kommen noch Informationen, die hilfreich für die Auswahl der Beschäftigung von ängstlichen Hunden sind.

1. Vergessen Sie alles, was früher dazu gesagt wurde. Antiautoritär erreichen Sie nichts!

2. Zuneigung des ängstlichen Hundes kommt spät.

3. Falsch versteht der Hund die körpernahen Berührungen. Er sieht das als Gesten von Bedrohungen an.

4. Berührungen von Fremden mag so ein Hund nicht.

5. Umgekehrte Denkweise bei Hunden ist zu beachten. Die Hinterseite, die mit dem Schwanz wedeln, ist die freundliche Ausführung. Vorn wird es aggressiv mit den Zähnen. Also ist beim Anleinen die Position herunter auf seine Ebene seitlich besser.

6. Die Bitte um Abstand äußert dieser Hund mit Gähnen, Schnauze lecken, Blick weggedreht mit Blinzeln und den Kopf dreht er weg.

7. Für das Spielen braucht er zunächst eine Distanz.

8. Für Spiele im Freien braucht er die passende Ausrüstung mit Geschirr und Leine. Vorschlag: Brustgeschirr und eine 10 Meter Schleppleine.

9. Belohnungen in Form von Lob und einem Leckerli für jede gute Reaktion. Sofort und kein Abstand zur Situation, die gut gemeistert hat.

Die Stimme etwas höher und Worte wie »Fein« oder andere mit dem Vokal »I« mag so ein Hund sehr.

Vorschlag für den Beginn einer langen Gemeinschaft mit einem ängstlichen Hund:

Machen Sie sich klein und legen Sie sich neben den Hund auf den Boden. Mit einem Leckerli in der Hand, den Sie hüten wie einen Schatz und verehren ihn. Der ängstliche Hund ist neugierig und kommt näher. Das tut er freiwillig! Ihm geben Sie Ihren Schatz gern ab.

Fazit

Die vorangegangenen Ausführungen, Tipps und Vorschlägen für Spiele mit den Hunden geben Ihnen Sicherheit. Sie geben eine kleine Sammlung für verantwortungsvolle Hundehalter ab. Es besteht kein Anspruch auf Vollständigkeit in diesem Ratgeber. Es wären ja noch Unterteilungen nach Rassen und anderen Gesichtspunkten möglich gewesen. Sicher haben Sie bereits einige Ratgeber gesehen und auch schon darin geblättert. Jeder für sich bietet Anhaltspunkte und Informationen, die wichtig sind. Hier liegt der Fokus auch auf Hintergrundinformationen, die sonst nicht angeboten werden.

Sie als Mensch haben die Verantwortung für ein oder mehrere Tiere übernommen. So geben Sie ein Heim, Wärme und Geborgenheit, die Hunde auch benötigen. Als unbedingt erforderlich und gesundheitlich notwendig, sind die Spiele und Beschäftigungen aller Art mit den Hunden. So schaffen Sie eine Voraussetzung für ein glückliches Hundeleben. Sie haben hiermit ein Kompendium mit zahlreichen Informationen in der Hand. Vielleicht dient es der Inspiration und Ihrer eigenen Motivation. Auf jeden Fall helfen alle erwähnten Tipps und Informationen Ihrem Hund. Pfote und Hand darauf!

„Die Ausbildung des Hundes,
ist die Ausbildung des Menschen."

- Oliver Jobes -

„Hunde leben nur in der Gegenwart,
haben keine Angst vor der Zukunft und
hadern nicht mit der Vergangenheit."

- Amy Tan -

Impressum

Ronald Möller wird vertreten durch:

Sebastian Wünsche

Am Spreepark 1

02742 Neusalza-Spremberg

Email: Buchwurm-Piraten@web.de

Instagram: Buchwurmpiraten

Facebook: https://www.facebook.com/Buchwurmpiraten

Originalausgabe

1. Auflage September 2023

Printed in Poland
by Amazon Fulfillment
Poland Sp. z o.o., Wrocław

30695010R00069